全国应用型高等院校土建类"十二五"规划教材

土木工程材料试验教程

主　编　杨崇豪　王志博

副主编　张正亚　李　慧　吴凤珍

中国水利水电出版社

www.waterpub.com.cn

内 容 提 要

　　本教材根据土木工程专业的培养要求，结合相关的试验要求和规范要求，通过实际案例介绍试验过程，并且结合试验表格，对试验数据进行分析和处理，以达到最优的试验效果。本教材不仅有利于学生学习知识，更注重培养学生的创新精神，提高分析、解决问题的能力，增强专业学习的综合素质。教材内容包括：土木工程材料试验基本知识、建筑材料基本物理性质试验、钢材试验、水泥试验、混凝土用骨料试验、普通混凝土试验、混凝土力学性能试验、砂浆试验、砌墙砖试验、沥青试验、沥青混合料等。本教材可作为应用型本科院校土木工程专业的试验课程教学用书，也可作为高职高专院校建筑工程技术专业的试验课教学用书，还可以作为土木工程专业人员的自学参考用书。

图书在版编目（CIP）数据

土木工程材料试验教程 / 杨崇豪，王志博主编. --
北京：中国水利水电出版社，2015.6
　全国应用型高等院校土建类"十二五"规划教材
　ISBN 978-7-5170-3222-9

　Ⅰ．①土… Ⅱ．①杨… ②王… Ⅲ．①土木工程－建筑材料－材料试验－高等学校－教材 Ⅳ．①TU502

中国版本图书馆CIP数据核字(2015)第118620号

书　　名	全国应用型高等院校土建类"十二五"规划教材 **土木工程材料试验教程**
作　　者	主编　杨崇豪　王志博　副主编　张正亚　李慧　吴凤珍
出版发行	中国水利水电出版社 （北京市海淀区玉渊潭南路1号D座　100038） 网址：www.waterpub.com.cn E-mail：sales@waterpub.com.cn 电话：(010) 68367658（发行部）
经　　售	北京科水图书销售中心（零售） 电话：(010) 88383994、63202643、68545874 全国各地新华书店和相关出版物销售网点
排　　版	中国水利水电出版社微机排版中心
印　　刷	北京瑞斯通印务发展有限公司
规　　格	184mm×260mm　16开本　13.75印张　326千字
版　　次	2015年6月第1版　2015年6月第1次印刷
印　　数	0001—3000册
定　　价	**28.00元**

前　　言

　　土木工程材料是一门实践性很强的专业技术基础课程，作为土木工程学科与材料学科的交叉、渗透的产物，主要关注宏观尺度上材料的性能与行为，探究材料细观尺度甚至微观尺度的组成与结构的特征，明确材料的组成、结构特征与宏观性能、行为的关系，为土木工程材料的工程应用和性能优化提供依据。"土木工程材料试验教程"是土木工程材料理论教学的重要实践教学环节，本书主要依据《中华人民共和国土木工程材料试验检测》行业标准，并结合工程实践经验和教材特点编写而成。首先，本书从土木工程材料试验基本知识着手，使大家了解试验内容、试验数据分析与记录要求、试验数据统计与修约等相关内容，这对试验过程和试验数据的准确性起着至关重要的作用。其次，详细讲解土木工程材料基本物理性质，重点对材料的各种密度试验进行叙述。此外，本书还对土木工程材料常用室内试验进行了具体而细致的阐述，讲解试验步骤和计算公式，便于学生理解试验要点和数据处理分析。

　　本书共分 11 章，主要介绍的试验内容有建筑材料基本物理性质试验、钢材试验、水泥试验、混凝土用骨料试验、普通混凝土试验、混凝土力学性能试验、砂浆试验、砌墙砖试验、沥青试验、沥青混合料等。每章的试验内容都是以图文结合的形式，生动形象地展示了试验过程、仪器形式和表格分析过程，易于学生对知识的理解和消化。通过上述试验，可以使学生熟悉各种仪器设备在试验项目中的使用方法，加深学生对理论知识以及土木工程材料试验原理的理解，掌握材料试验操作技能，同时提高学生的动手操作能力以及分析问题、解决问题的能力，为今后在实际工程的材料试验和检测奠定坚实的基础。本书最后附录编写整理试验表格，分别为建筑用砂试验、建筑用碎石试验、钢筋性能检测、水泥性能检测、沥青性能检测等 10 个分项，这样不仅便于记录和收集分析试验数据，而且有助于学生加深理解试验原理，对土木工程材料试验有序、准确、合理地进行起到良好的辅助作用。

本书由河南理工大学万方科技学院杨崇豪教授、王志博主编。河南理工大学万方科技学院王志博编写第1～3章，张正亚编写第4～6章，李慧编写第7～9、11章，由河南化工职业学院吴凤珍编写第10章，附录表格由王志博负责整理。

由于土木工程材料发展迅速，新材料、新理论不断涌现，标准、规范繁多且更新快，加之编者水平有限，书中难免有疏漏、不当之处，敬请广大读者批评指正。

编者

于郑州新区象湖

2015 年 3 月

目　　录

第1章 土木工程材料试验基本知识

1.1 建筑材料的定义分类与发展概况

1.1.1 建筑材料的定义

建筑材料是用于建造建筑物和构筑物所有材料和制品的总称。从地基基础、承重构件（梁、板、柱等），直到地面、墙体、屋面等所用的材料都属于建筑材料。水泥、钢筋、木材、混凝土、砌墙砖、石灰、沥青、瓷砖等都是常见的建筑材料，实际上建筑材料还远不止这些，其品种达数千种之多。

1.1.2 建筑材料的分类

建筑材料种类繁多，为了方便使用和研究，常按一定的原则对建筑材料进行分类。根据材料来源，可分为天然材料和人工材料；根据材料在建筑工程中的功能，可分为结构材料和非结构材料、绝热吸声材料、建筑装饰材料、防水材料等；根据材料在建筑工程中的使用部位，可分为墙体材料、屋面材料、地面材料、饰面材料等。最常见的分类原则是按照材料的化学成分来分类，分为无机材料、有机材料和复合材料三大类，各大类中又可细分，见表1.1。

表 1.1 建筑材料的分类

无机材料	金属材料	黑色金属（铁、碳钢、合金钢） 有色金属（铝、锌、铜等及其合金）
	非金属材料	天然石材（包括混凝土用砂、石） 烧结制品（烧结砖、饰面陶瓷等） 玻璃及其制品 水泥、石灰、石膏、水玻璃 混凝土、砂浆 硅酸盐制品
有机材料	植物质材料	木材、竹材 植物纤维及其制品
	合成高分子材料	塑料 涂料 胶黏剂
	沥青材料	石油沥青及煤沥青、沥青制品

	无机非金属材料与有机材料复合	玻璃纤维增强塑料、聚合物混凝土沥青混凝土、水泥刨花板等制品
复合材料	金属材料与非金属材料复合	钢筋混凝土、钢丝网混凝土、塑铝混凝土等
	其他复合材料	水泥石棉制品、不锈钢包覆钢板、人造大理石、人造花岗岩等

1.1.3 建筑材料的历史现状与发展

建筑材料是随着社会生产力和科学技术水平的发展而发展的，根据建筑物所用的建筑材料，大致分为 3 个阶段。

(1) 天然材料。天然材料是指取之于自然界，进行物理加工的材料，如天然石材、木材、黏土、茅草等。早在原始社会时期，人们为了抵御雨雪风寒和防止野兽的侵袭，居于天然山洞或树巢中，即"穴居巢处"。进入石器、铁器时代，人们开始利用简单的工具砍伐树木和苇草，搭建简单的房屋，开凿石材建造房屋及纪念性构筑物，比天然巢穴进了一步。进入青铜器时代，出现了木结构建筑及"版筑建筑"（指墙体用木板或木棍做边框，然后在框内填入黏土，用木杵夯实之后将木板拆除的建筑物），建造出了舒适性较好的建筑物。

(2) 烧土制品。到了人类能够用黏土烧制砖、瓦，用石灰岩烧制石灰之后，建筑材料才由天然材料进入了人工生产阶段。虽然我国古代建筑有"秦砖汉瓦"、描金漆绘装饰艺术、造型优美的石塔和石拱桥的辉煌，但实际上在封建社会时期，生产力发展停滞不前，使用的建筑材料不过砖、石和木材而已。

(3) 钢筋混凝土。18—19 世纪，资本主义兴起，由于大跨度厂房、高层建筑和桥梁等建筑工程建设的需要，旧有材料在性能上满足不了新的建设需求，建筑材料在有关科学技术的发展下，进入了一个新的发展阶段，相继出现了钢材、水泥、混凝土、钢筋混凝土和预应力钢筋混凝土及其他材料。近几十年来，随着科学技术的进步和建筑工程发展的需要，一大批新型建筑材料应运而生，出现了塑料、涂料、新型建筑陶瓷与玻璃、新型复合材料（纤维增强材料、夹层材料等），但当代主要结构材料仍为钢筋混凝土。

随着社会的进步、环境保护和节能降耗的需要，对建筑材料提出了更高、更多的要求。因而，今后一段时间内，建筑材料将向以下几个方向发展：

(1) 轻质高强。现今钢筋混凝土结构材料自重大（重约 $2500kg/m^3$），限制了建筑物向高层、大跨度方向进一步发展。通过减轻材料自重，以尽量减轻结构物自重，可提高经济效益。目前，世界各国都在大力发展高强混凝土、加气混凝土、轻骨料混凝土、空心砖、石膏板等材料，以适应建筑工程发展的需要。

(2) 节约能源。建筑材料的生产能耗和建筑物使用能耗，在国家总能源中一般占 20%～35%，研制和生产低能耗的新型节能建筑材料，是构建节约型社会的需要。

(3) 利用废渣。充分利用工业废渣、生活废渣、建筑垃圾生产建筑材料，将各种废渣尽可能资源化，以保护环境、节约自然资源，使人类社会可持续发展。

(4) 智能化。智能化材料是指材料本身具有自我诊断和预告破坏、自我修复的功能以及可重复利用性。建筑材料向智能化方向发展，是人类社会向智能化社会转变的需要。

（5）多功能化。利用复合技术生产多功能材料、特殊性能材料及高性能材料，这对提高建筑物的使用功能、经济性及加快施工速度等有着十分重要的作用。

（6）绿色化。产品的设计是以改善生产环境、提高生活质量为宗旨，产品具有多功能，不仅无损且有益于人的健康；产品可循环或回收再利用，或形成无污染环境的废弃物。因此，生产材料所用的原料尽可能少用天然资源，大量使用尾矿、废渣、垃圾、废液等废弃物；采用低能耗制造工艺和对环境无污染的生产技术；产品配制和生产过程中，不使用对人体和环境有害的污染物质。

1.1.4　建筑材料的技术标准

标准是指对重复事物和概念所作的统一规定，它以科学、技术和实践的综合成果为基础，经有关方面协调一致，由主管部门批准发布，作为共同遵守的准则和依据。

与建筑材料的生产和选用有关的标准主要有产品标准和工程建设类标准两类。产品标准是为保证建筑材料产品的适用性，对产品必须达到的某些或全部要求所规定的标准，包括品种、规格、技术性能、试验方法、检测规则、包装、储存、运输等内容。工程建设类标准是对工程建设中的勘察、规划、设计、施工、安装、验收等需要协调统一的事项所制定的标准。其中结构设计规范、施工及验收规范中有与建筑材料的选用相关的内容。

建筑材料的采购、验收、质量检验均应以产品标准为依据，建筑材料的产品标准分为国家标准、部门行业标准和企业标准三类，其含义、代号及举例见表1.2。

表 1.2　　　　　　　　　　　　建材产品标准种类及代号

标准种类	说　明	代　号
国家标准（简称"国标"）	国家标准是对全国经济、技术发展有重要意义而必须在全国范围内统一的标准。主要包括：基本原料、材料标准；有关广大人民生活的、量大面广的、跨部门生产的重要工农业生产标准；有关人民安全、健康和环境保护的标准；有关互换配合，通用技术语言等的标准；通用的零件、部件、器件、构件、配件和工具、量具标准；通用的试验和检验方法标准	（1）GB是"国标"两字的汉语拼音字头。各类物资（建材）的国家标准，均使用此代号 （2）GBJ是"国标建"3字的汉语拼音字头，它代表工程建设技术方面的国家标准
部门行业标准（简称"部标"）	行业标准主要是指全国性的各专业范围内统一的标准。由各行业主管部门组织制定、审批和发布，并报送国家标准局备案。行业标准分为强制性和推荐性两类	（1）JCJ是建筑材料工业部（国家建材局）部颁标准的代号（老代号为"建标""JG"等） （2）JGJ是建设部部颁标准的代号（老代号"BJG""建规""JZ"） （3）YBJ是冶金工业部部颁标准的代号 （4）SYJ是石油、能源部颁标准的代号
企业标准（简称"企标"）	凡没有制定国家标准、部标准（行业标准）的产品，都要制定企业标准。为了不断提高产品质量，企业可制定出比国家标准、行业标准更先进的产品质量标准	QB是企业标准的代号

技术标准代号按标准名称、部门代号、编号和批准年份的顺序编写，按要求执行的程度分为强制性标准和推荐标准（在部门代号后加"/T"表示"推荐"）。与建筑材料技术标准有关的部门代号有 GB——国家标准、GBJ——建筑工程国家标准、JGJ——建设部行业标准（曾用 BJG）、JG——建筑工业行业标准、JC——国家建材局标准（曾用"建标"）、SH——石油化学工业部或中国石油化学总公司标准（曾用 SY）、YB——冶金部标准、HG——化工部标准、ZB——国家级专业标准、CECS——中国工程建设标准化协会标准、DB——地方性标准、QB——企业标准等。例如，国家标准《硅酸盐水泥、普通硅酸盐水泥》（GB 175—2007），部门代号为 GB，编号为 175，批准年份为 2007 年，为强制性标准；国家标准《碳素结构钢》（GB/T 700—1988），部门代号为 GB，编号为 700，批准年份为 1988 年，为推荐性标准。现行部分建材行业标准有两个年份，第一个年份为批准年份，随后括号中的年份为重新校对年份，如《粉煤灰砖》[JC 239—1991（1996）]。

技术标准是根据一定时期的技术水平制定的，因而随着技术的发展与使用要求的不断提高，需要对标准进行修订，修订标准实施后，旧标准自动废除，如国家标准《硅酸盐水泥、普通硅酸盐水泥》（GB 175—1999）已废除。

工程中使用的建筑材料除必须满足产品标准外，有时还必须满足有关的设计规范、施工及验收规范或规程等的规定。这些规范或规程对建筑材料的选用、使用、质量要求及验收等还有专门的规定（其中有些规范或规程的规定与建筑材料产品标准的要求相同）。例如，混凝土用砂，除满足《建筑用砂》（GB/T 14684—2001）外，还须满足《普通混凝土用砂的质量标准及检验方法》（JGJ 52—1992）的规定。

国家标准或者部门行业标准，都是全国通用标准，属国家指令性技术文件，均必须严格遵照执行，尤其是强制性标准。

采用和参考国际通用标准、先进标准是加快我国建筑材料工业与世界接轨的重要措施，对促进建筑材料工业的科技进步、提高产品质量和标准化水平、建筑材料的对外贸易有着重要作用。常用的国际标准有以下几类：

（1）美国材料与试验协会标准（ASTM），属于国际团体和公司标准。

（2）德国工业标准（DIN）、欧洲标准（EN），属于区域性国家标准。

（3）国际标准化组织标准（ISO），属于国际化标准组织的标准。

1.2　建筑材料检测试验内容

建筑材料的质量检测，是利用一定的检测方法和仪器设备，对建筑材料的一项或多项质量特性进行测量、检查、试验或度量，并且将结果与相关的技术标准或规定要求相比较，从而确定每项特性的合格情况。建筑材料检测试验工作内容可概括为"测、比、判"3 个环节。

建筑材料的质量检测是一项非常重要的技术工作，它与建筑物的使用功能、安全、经济效益关系密切，不仅是判定和控制建筑材料质量、监控施工过程、保障工程质量的手段和依据，而且也是推动科技进步、合理使用材料、降低生产成本、提高企业效益的有效途径。建筑材料的质量检测贯穿于工程设计和施工的全过程，建筑材料的各项检测结果，是工程施工及工程质量验收的基本技术依据。建筑材料的质量检测工作，均以现行的技术标准及有关的规范、规程为依据。技术标准或规范主要是对材料产品在工程建设的质量、规格及其检测方法等方面所作的技术规定，也是生产、建设、科研及商品流通中一种共同遵守的技术依据。建筑材料的质量检测，实际上就是按照这些技术依据，检查所用建筑材料是否符合要求。

1.2.1 建筑材料检测主要工作过程

在进行建筑材料检测试验的过程中，其主要工作包括建筑材料见证取样、检测仪器选择、建筑材料测试、结果计量与评定。

（1）建筑材料见证取样。材料见证取样和送检是指在建设单位或工程监理单位人员见证下，由施工单位的现场取样人员对工程中涉及结构安全的试块、试件和材料在现场取样，并且送至经省级以上建设行政部门对其资质认可和质量技术监督部门对其计量认证的质量检测单位进行检测。

在进行材料检测试验之前，首先要选择具有代表性的材料作为试样。取样的原则是代表性和随机性，即在若干批次的材料中，按照相应规定对任意堆放的材料抽取一定数量的试样，并且依据测试结果对其所代表的批次的质量进行判断。取样方法因材料的不同而不同，有关的技术标准或规范中都做了明确的规定。

（2）检测仪器选择。材料检测试验仪器的选择，关系到材料检测的质量和精度，要充分考虑到所选仪器的精度和量程的要求。在通常情况下，称量精度大致为试样的 0.1%，有效量程以仪器最大量程的 20%～80% 为宜。在称取试样或称量试样的质量时，如果试样称量的精度要求为 0.1g，则应选用感量为 0.1g 的天平。

（3）建筑材料测试。在进行材料检测之前，一般应将取得的试样进行处理、加工或成型，以制备满足检测要求的试样或试件。制备方法随检测项目的不同而不同，应严格按照各个试验所规定的方法进行。如混凝土抗压强度的检测，要制成标准的立方体试件。

（4）结果计量与评定。对于每次检测的结果，都要进行数据处理。在一般情况下，取 n 次平行检测结果的算术平均值作为检测结果。检测结果应满足精度和有效数字的要求。检测结果经计算处理后，应给予相应的评定，评定其是否满足标准要求及等级。有时根据需要还应对检测结果进行分析并得出相应的结论。

1.2.2 建筑材料检测试验具备的条件

由于建筑材料自身的复杂性，存在这样或那样的不同，其检测的结果也不完全一致。同一种材料在检测条件发生变化时，质量特性也会有很大的不同，导致得出不同的检测结果。建筑材料的检测试验条件主要包括检测温度、检测湿度、试件尺寸、受荷面的平整度和加载速度等。

（1）检测温度。试验时的温度对材料的某些检测结果影响很大，特别是在温度冷热极端的情况下更加明显。在常温下进行检测，对一般材料影响不大，但对于敏感性强的材料，必须严格控制温度。在一般情况下，材料的强度会随着检测时温度的升高而降低。

（2）检测湿度。试验时试件的湿度对材料检测数据也有明显影响，试件的湿度越大，测得的强度也越低。在物理性能的测试中，材料的干湿程度对检测结果的影响更加明显。

因此，在检测时试件的湿度应当控制在一定范围内。

（3）试件尺寸。由材料力学性能可知，当试件受压时，对于同一材料小试件强度比大试件强度高。相同受压面积的试件，高度大的试件强度要比高度小的试件强度小。因此，对于不同材料的试件尺寸都有明确的规定。例如，混凝土立方体抗压强度试件，试件的标准尺寸为 150mm×150mm×150mm，如果不采用标准试件尺寸，则应乘以相应的折算系数。

（4）受荷面的平整度。材料试件受荷面的平整度也会对检测强度造成影响，如果受荷的面不平整，表面凹凸不平或较粗糙，会引起应力集中而使强度大为降低。混凝土强度检测表明，不平整度达到 0.25mm 时，强度可能会降低 30% 左右，向上突出时引起的应力集中更加明显。所以，受压面必须平整，如成型面受压，必须用适当强度的材料找平。

（5）加载速度。施加于试件的加载速度对强度检测结果有较大影响，加载的速度越慢，测得的强度越低。这是由于应变有足够的时间发展，应力还不大时变形已达到极限应变，试件即发生破坏。因此，对各种材料的力学性能检测必须有加载速度的规定。

1.3　建筑材料检测试验报告记录要求

材料检测试验的主要结果应在其检测试验报告中反映，检测报告的格式可根据实际需要而设置，但一般都应由封面、扉页、报告主页、附件等组成。工程的质量检测报告内容一般包括：委托方的名称和地址，报告日期，样品编码，工程名称，样品产地和其名称，规格及代表数量，检测条件，检测依据，检测项目，检测结果和结论，审核与批准信息，有效性声明等一些辅助备注、说明等。检测试验报告反映的是质量检测经过数据整理、计算、编制和处理的结果，而不是检测过程中原始记录，更不是计算过程的罗列，必须符合简明、准确、全面、规范的要求。经过整理、计算后的数据可以用图表等形式表示，起到一目了然的效果。

1.3.1　材料检测试验记录基本要求

（1）完整性。检测记录的完整性要求是：检测记录应信息齐全，以保证检测行为能够再现；检测表格内容应齐全；记录齐全，计算公式齐全，应附加的曲线和资料齐全；签字手续完备、齐全、正确；工程检测记录档案应齐全、完整。

（2）严肃性。检测记录的严肃性要求是：按规定要求记录、修正检测数据，保证检测记录具有合法性和有效性；记录数据应清晰、规整，保证其识别的唯一性；检测、记录、数据处理及计算过程的规范性，保证其校核的简便、正确。

（3）实用性。检测记录的实用性要求是：记录应符合实际需要，记录表格应按参数技术特性进行设计，栏目先后顺序应有较强的逻辑关系；表格栏目内容应包括数据处理过程和结果；表格应按检测需要设计栏目，避免检测时多数栏目出现空白现象；记录用纸应符合归档和长期保存的要求。

（4）原始性。检测记录的原始性要求是：检测记录必须当场完成，不得进行追记或重新抄写，不得事后采取回忆方式补记；记录的修正必须当场完成，不得事后再进行修改，记录必须按规定使用的笔完成；记录表格必须事先准备统一规格的正式表格，不得采用临时设计的未经过批准的非正式表格。

（5）安全性。检测记录的安全性要求是：所有记录应有编码，以保证其完整性；记录应定点有序存放保管，不得丢失和损坏；记录应按照保密要求妥善保管；记录的内容不得随意扩散，不得占有利用；记录应及时整理，全部上交归档，不得私自留存。

1.3.2 检测原始记录基本要求

（1）所有的检测原始记录应按规定的格式填写，书写时应使用规定的蓝黑墨水的钢笔或签字笔，要求字迹端正、清晰，不得出现漏记、补记和追记。记录数据应占到记录格的 $\frac{1}{2}$ 以下，以便修正记录错误。

（2）修正记录错误应遵循"谁记录谁修正"的原则，由原始记录人员采用"杠改"方式进行更正。更正后要加盖修改人的名章或签名，其他人不得代替原始记录人修改。

（3）在任何情况下都不得采用涂抹、刮涂或其他方式销毁原始错误的记录，并且应保持原始记录清晰可见。更不允许以重新抄写的记录代替原始记录。

（4）原始记录要使用法定的计量单位，按标准规定的有效数字的位数进行记录，正确进行数据修约。

（5）原始记录是材料检测的重要资料，在检测期间应由检测人员妥善保管，不得丢失和损坏，并且将原始记录用书面方式按规定归档保存。

（6）原始记录一般属于保密文件，归档后无关人员不得随意借阅，借阅时需按有关规定程序批准，阅后要及时归还。

（7）原始记录的保存期应根据要求确定。如根据我国目前的有关政策规定，水利工程的检测记录要求在工程运行期内不得销毁。

1.4 建筑材料检测试验数据分析

1.4.1 试验数据误差

在材料检测中，由于测量仪器设备、方法、人员或环境等因素，测量结果与被测量的真值之间总会有一定差距。误差就是指测量结果与真值之间的差异。

1. 绝对误差和相对误差

绝对误差是测试结果 X 减去被测试的量的真值 X_0 所得的差，简称误差，即 $\Delta = X - X_0$。绝对误差往往不能用来比较测试的准确程度，为此，需要用相对误差来表达差异。相对误差是绝对误差 Δ 除以被测量的量的真值 X_0 所得的商，即

$$s = \frac{\Delta}{X_0} \times 100\% = \frac{X - X_0}{X_0} \times 100\% \tag{1.1}$$

2. 系统误差和随机误差

系统误差是指在重复条件下（指在测量程序、人员、仪器、环境等尽可能相同的条件下，在尽可能短的时间间隔内完成重复测量任务），对同一量进行无限多次测量所得结果的平均值与被测量的量的真值之差，称为系统误差。系统误差决定测量结果的正确程度，其特征是误差的绝对值和符号保持恒定或遵循某一规律变化。

随机误差是指测量结果在重复条件下，对同一被测量进行无限多次测量所得结果的平均值之差。随机误差决定测量结果的精密程度，其特征是每次误差的取值和符号没有一定规律，且不能预计，多次测量的误差整体服从统计规律，当测量次数不断增加时，其误差的算术平均值趋于零。

1.4.2　可疑数据的取舍

在一组条件完全相同的重复检测中，当发现有某个过大或过小的可疑数据时，应按数理统计方法给予鉴别并决定取舍。常用方法有以下两种。

1. 格拉布斯方法

（1）把试验所得数据从小到大排列：X_1，X_2，X_i，…，X_n。

（2）计算统计量 T 值。

设 X_i 为可疑值时，则

$$T = \frac{\overline{X}}{S} - \frac{X_i}{S} = \frac{\overline{X} - X_i}{S} \tag{1.2}$$

式中　$\overline{X}$——试件平均值，$\overline{X} = \sum_{i=1}^{n} \frac{X_i}{n}$；

　　　X_i——测定值；

　　　n——试件个数；

　　　S——试件标准值，$S = \sqrt{\dfrac{1}{n-1} \sum_{i=1}^{n} (X_i - \overline{X})^2}$。

（3）选定显著性水平 a（一般取 0.05），查表 1.3 中相应于 n 与 a 的 $T(n,a)$ 的值。

表 1.3　　　　　　　　　n、a 和 T 值的关系

$a/\%$	当 n 为下列数值时的 T 值							
	3	4	5	6	7	8	9	10
5.0	1.15	1.46	1.67	1.82	1.94	2.03	2.11	2.18
2.5	1.15	1.48	1.71	1.89	2.02	2.13	2.21	2.29
1.0	1.15	1.49	1.75	1.94	2.10	2.22	2.31	2.41

（4）当计算的统计量 $T \geqslant T(n,a)$ 时，则假设的可疑数据是对的，应予舍弃。当 $T \leqslant T(n,a)$ 时，则不能舍弃。

这样判决犯错的概率为 $a=0.05$。

2. 三倍标准差法

三倍标准差法是美国混凝土标准（ACT214 的修改建议）中所采用的方法。其准则是：$|X_i - \overline{X}| \leqslant 2S$（$S$ 为样本标准差）时应予舍弃；$|X_i - \overline{X}| \geqslant 2S$ 时则保留，但需存疑。当发现试件制作、养护、检测过程中有可疑的变异时，该试件强度值应予舍弃。

以上两种方法，三倍标准差法最简单，但要求较宽，几乎绝大部分数据不可舍弃。格拉布斯方法适用于标准没有规定的情况。

1.5 建筑材料检测试验数据统计

1.5.1 试验数据的均值

测试结果的真值是一个理想概念，一般情况下是不知道的。根据统计规律，当测试次数足够多时，测试结果的均值便接近真值。但在工程实践中，测试次数不可能太多，一般检测项目都规定了进行有限次平行测试，将各次测试数据的均值作为测试结果。

1. 算术平均值

算术平均值是最常用的一种均值计算方法，用来了解一批数据的平均水平，度量这些数据中间位置，按式（1.3）计算，即

$$\overline{X} = \frac{X_1 + X_2 + \cdots + X_n}{n} = \frac{\sum\limits_{i=1}^{n} X_i}{n} \tag{1.3}$$

式中　　　　　$\overline{X}$——算术平均值；
X_1，X_2，$\cdots$，X_n——各个测试数据值；
　　　　　n——测试数据个数。

2. 均方根平均值

均方根平均值对数据大小跳动反应较为灵敏，计算公式为

$$X_S = \sqrt{\frac{X_1^2 + X_2^2 + \cdots + X_n^2}{n}} = \sqrt{\frac{\sum X^2}{n}} \tag{1.4}$$

式中　　　　　X_S——各测试数据的均方根平均值；
X_1，X_2，$\cdots$，X_n——各个测试数据值；
　　　　　n——测试数据个数。

3. 加权平均值

测试数据均值的大小不仅取决于各个测试数据的大小，而且取决于各测试数据出现的次数（频数），各测试数据出现的次数对其在平均数中的影响起着权衡轻重的作用。因此，可将各测试数据乘以其出现的次数，加总求和后再除以总的测试次数，得到的数值称为加权平均值。其中，各测试数据出现的次数叫作权数或权重。计算公式为

$$M = \frac{X_1 g_1 + X_2 g_2 + \cdots + X_n g_n}{g_1 + g_2 + \cdots + g_n} = \frac{\sum X_g}{\sum g} \tag{1.5}$$

式中　　　　　M——加权平均值；
X_1，X_2，$\cdots$，X_n——各个不同测试数据值；
g_1，g_2，$\cdots$，g_n——各个不同测试数据值的频数；
　　　　　n——总的测试数据个数。

建筑材料检测中，计算水泥的平均强度通常采用加权平均值。

1.5.2 试验数据的中位数

将一组数据按大小顺序排列，位于中间的数据称为中位数，也叫中值。当数据的个数 n 为奇数时，居中者即为该组数据的中位数；当数据的个数 n 为偶数时，居中间的两个数

据的平均值即是该组数据的中位数。例如，一组混凝土抗压强度的测试值分别为 25.20MPa、25.63MPa、25.71MPa、25.93MPa、25.43MPa、25.62MPa，则这组数据的中位数为 25.62MPa。

1.5.3 试验数据的分散程度

1. 极差

极差是表示数据离散的范围，也可用来度量数据的离散性，也叫范围误差或全距，是指一组平行测试数据中最大值和最小值之差。例如，3 块砂浆试件抗压强度分别为 5.20MPa、5.63MPa、5.71MPa，则这组试件的极差或范围误差为 $5.71-5.20=0.51$（MPa）。

2. 算术平均误差

算术平均误差又叫平均偏差，是指各个测试数据与总体平均值的绝对误差的绝对值的平均值，其计算公式为

$$\delta = \frac{|X_1 - \overline{X}| + |X_2 - \overline{X}| + \cdots + |X_n - \overline{X}|}{n} \tag{1.6}$$

式中　　　　　δ——算术平均误差；
X_1，X_2，$\cdots$，X_n——各个测试数据值；
　　　　　$\overline{X}$——测试数据的算术平均值；
　　　　　n——测试数据个数。

例如，3 块砂浆试块的抗压强度分别为 5.21MPa、5.63MPa、5.72MPa，这组试件的平均抗压强度为 5.52MPa，则其算术平均误差为

$$\delta = \frac{|5.21 - 5.52| + |5.63 - 5.52| + |5.72 - 5.52|}{3} = 0.2(\text{MPa})$$

3. 标准差（均方根差）

只知试件的平均水平是不够的，还要了解数据的波动情况及其带来的危险性，标准差（均方根差）是衡量波动性（离散性大小）的指标。标准差的计算公式为

$$S = \sqrt{\frac{(X_1 - \overline{X})^2 + (X_2 - \overline{X})^2 + \cdots + (X_n - \overline{X})^2}{n-1}} \tag{1.7}$$

式中　　　　　S——标准差；
X_1，X_2，$\cdots$，X_n——各个测试数据值；
　　　　　$\overline{X}$——测试数据的算术平均值；
　　　　　n——测试数据个数。

例如，某厂某月生产 10 个编号的 32.5 级矿渣水泥试件，28d 抗压强度分别为 37.3MPa、35.0MPa、38.4MPa、35.8MPa、36.7MPa、37.4MPa、38.1MPa、37.8MPa、36.2MPa、34.8MPa，这 10 个编号水泥试件的算术平均强度为

$$\overline{X} = \frac{\sum X}{n} = \frac{367.5}{10} = 36.8(\text{MPa})$$

其标准差为

$$S = \sqrt{\frac{(X_1 - \overline{X})^2 + (X_2 - \overline{X})^2 + \cdots + (X_n - \overline{X})^2}{n-1}} = \sqrt{\frac{14.47}{10-1}} = 1.268$$

4. 变异系数

标准差是表示测试数据绝对波动大小的指标，当测试较大的量值时绝对误差一般较大，因此需要考虑用相对波动的大小来表示标准差，即变异系数。计算公式为

$$C_v = \frac{S}{\overline{X}} \times 100\% \tag{1.8}$$

式中　C_v——变异系数，%；

　　　S——标准差；

　　　$\overline{X}$——测试数据的算术平均值。

由变异系数可以看出用标准差所表示不出来的数据波动情况。例如，甲、乙两厂均生产 32.5 级矿渣水泥，甲厂某月的水泥 28d 抗压强度平均值为 39.8MPa，标准差为 1.68。同月乙厂生产的水泥 28d 抗压强度平均值为 36.2MPa，标准差为 1.62，而两厂的变异系数分别为：甲厂 $C_v = \frac{1.68}{39.8} \times 100\% = 4.22\%$，乙厂 $C_v = \frac{1.62}{36.2} \times 100\% = 4.48\%$。从标准差看，甲厂大于乙厂。但从变异系数看，甲厂小于乙厂，说明乙厂生产的水泥强度相对跳动要比甲厂大，产品的稳定性较差，进而可以说明其质量差别大。

5. 正态分布和概率

如果想得到测试数据波动的更加完整的规律，则需通过画出测试数据概率分布图的办法观察分析。在工程实践中，很多随机变量的概率分布都可以近似地用正态分布来描述。

1.6　建筑材料检测试验数据修约

1.6.1　有效数字及其运算规则

若某一近似数据的绝对误差不大于（小于或等于）该近似值末位的半个单位，则以此近似数据左起第一个非零数字起到最后一位数字止的所有数字都是有效数字，有效数字的个数为该近似数据的有效位数。例如，0.0056、0.056、5.6、5.6×10^{-2} 均为两位有效数字，0.0560、5.60×10^{-2} 为 3 位有效数字，0.05600 为 4 位有效位数。

常见的有效数字运算规则如下。

1. 加、减运算

当几个有效数字作加、减运算时，在各数中以小数位数最少的数为准，其余各数均凑成比该数多一位小数位。若计算结果尚需参加下一步运算，则有效位数可多保留一位。例如，$12.37 + 0.656 - 3.8 \rightarrow 12.37 + 0.66 - 3.8 = 9.23 \approx 9.2$，计算结果为 9.2，若尚需要参与下一步运算，则取 9.23。

2. 乘、除运算

当几个有效数字作乘、除运算时，在各数中以小数位数最少的数为准，其余各数均凑成比该数多一位小数位。若计算结果尚需参加下一步运算，则有效位数可多保留一位。例如，$1.1628 \times 0.72 \times 0.50800 \rightarrow 1.163 \times 0.72 \times 0.508 = 0.4254 \approx 0.425$，计算结果为 0.425，若需参与下一步运算，则取 0.4254。

乘方、开方运算规则同乘、除运算，如 $12.6^2 = 1.58 \times 10^2$。

3. 计算平均值

在计算几个有效数字的平均值时，如有 4 个以上的数字进行平均计算，则平均值的有效位数可以增加一位。

1.6.2 数据修约规则

在运算或其他原因需要减少数字位数时，应按照数字修约进舍规则进行修约。

（1）当拟舍弃数字的最左一位数字小于 5，则舍去，即保留数的末位数字不变。例如，将 16.2438 修约到个数位，得 16；将 16.2438 修约到一位小数，得 16.2。

（2）当拟舍弃数字的最左一位数字大于 5，则进一，即保留数的末位数字加 1。例如，将 21.68 修约到个位数，得 22；将 21.68 修约到一位小数，得 21.7。

（3）当拟舍弃数字的最左一位数字是 5，5 后有非 0 数字时，则进一，即保留数的末位数字加 1。当 5 后无数字或皆为 0 时，则保留数的末位数字应凑成偶数（若所保留的末位数字为奇数，则保留数字的末位数字加 1；若所保留的末位数字为偶数，则保留数字的末位数不变）。例如，将 11.5002 修约到个位数字，得 12；将 250.65000 修约为 4 位有效数字，得 250.7；将 18.07500 修约为 4 位有效数字，得 18.08。

（4）负数修约时，先将它的绝对值按上述规定进行修约，然后在所得值前面加上负号。例如，将 −0.0365 修约到两位小数，得 −0.04；将 −0.0375 修约到 3 位小数，得 −0.038。

（5）拟修约数字应确定修约间隔或指定修约数位后一次修约获得结果，而不得多次按进舍规则连续修约。例如，修约 97.46，修约到保留 1 位小数，正确的做法是 97.46→97.5（一次修约），不正确的做法是 97.46→97.5→98.0（两次修约）。

1.6.3 根据检测数据建立直线关系式

在进行材料检测时，有时需要根据测试数据找出材料的某两个质量特性指标之间的关系，建立相关经验公式，如抗压强度-抗拉（抗折）强度的关系、快速试验-标准试验强度的关系等。在工程实践中，常见的两个变量之间的经验相关公式是简单的直线关系式，如标准稠度 $p = 33.4 - 0.185s$（下沉深度）、$R_h = 0.46R_c \dfrac{C}{W - 0.07}$ 等经验公式都是直线关系式。直线关系式为

$$Y = b + aX \qquad (1.9)$$

式中　Y——因变量；

　　　X——自变量；

　　　a——系数或斜率；

　　　b——常数或截距。

建立两个变量间直线关系的方法很多，有作图法、选点法、平均法、最小二乘法等。下面举例逐一说明。

【例 1.1】　测得 8 对水泥快速抗压强度 $R_{快}$ 与 28d 标准抗压强度 $R_{标}$ 值见表 1.4。试分别用作图法、选点法、平均法、最小二乘法建立标准抗压强度 $R_{标}$ 与快速抗压强度 $R_{快}$ 的直线相关公式。

表 1.4 水泥快速抗压强度 $R_{快}$ 与 28d 标准抗压强度 $R_{标}$ 值　　单位：MPa

序号	1	2	3	4	5	6	7	8
$X(R_{快})$	6.3	40.9	12.5	38.6	19.6	21.5	25.2	31.9
$Y(R_{标})$	26.1	62.6	29.0	58.4	37.1	41.1	45.7	52.6

解 （1）作图法。建立坐标系，横坐标代表快速抗压强度 $R_{快}$，纵坐标代表标准抗压强度 $R_{标}$，将 8 对测试数据点绘于坐标中，通过点群中心画一直线，使 8 个点在直线两侧分布均匀（图 1.1）。这条直线即表示 $Y = b + aX$，就是 $R_{快}$ 与 $R_{标}$ 的相关式。延长直线使之与纵坐标轴相交，交点至零点的距离即为截距 $b = 17.3\text{MPa}$，系数 a 为直线的斜率，$a = \dfrac{Y}{X} = \dfrac{35.6}{32.8} = 1.0854$，则得 $R_{标} = 17.3 + 1.0854R_{快}$。

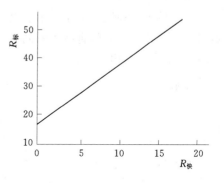

图 1.1　$R_{快}$—$R_{标}$ 相关图

有了上述经验公式，就可以用快速抗压强度 $R_{快}$ 推算 28d 标准抗压强度 $R_{标}$。如测得快速抗压强度 $R_{快} = 30.0\text{MPa}$，代入相关公式 $R_{标} = 17.3 + 1.0854R_{快}$，得 28d 标准抗压强度 $R_{标} = 49.9\text{MPa}$。

用作图法求两个变量间的直线经验公式时，特别要注意截距 b 和斜率 a 的正负号。相关直线与 Y 轴（纵坐标）的交点在零点以上时，b 为正值；交点在零点以下时，b 为负值。

（2）选点法。先将 8 对测试数据按照从小到大的顺序排列。在 8 对测试数据中大小两端各选一对数据，如选第 1 组（6.3，26.1）和第 8 组（40.9，62.6），则根据这两组数据可得联立方程组，即

$$\begin{cases} 26.1 = b + 6.3a \\ 62.6 = b + 40.9a \end{cases} \tag{1.10}$$

通过求解此方程组，可得 $a = 1.0549$，$b = 19.5$，由此可写出 $R_{快}$ 和 $R_{标}$ 的直线关系式：$R_{标} = 19.5 + 1.0549R_{快}$。

如果测得快速抗压强度 $R_{快} = 30.0\text{MPa}$，代入上式得 28d 标准抗压强度 $R_{标} = 51.1\text{MPa}$。

利用选点法建立的相关公式，因选择的两组测试数据的不同而有差别，见表 1.5。

表 1.5　按照大小次序排列的水泥快速抗压强度 $R_{快}$ 与 28d 标准抗压强度 $R_{标}$ 值　　单位：MPa

序号	1	2	3	4	5	6	7	8
$X(R_{快})$	6.3	12.5	19.6	21.5	25.2	31.9	38.6	40.9
$Y(R_{标})$	26.1	29.0	37.1	41.1	45.7	52.6	58.4	62.6

（3）平均法。先将 8 对测试数据按照从小到大排序，再将 8 对测试数据分成两组，前 4 对一组，后 4 对一组，并求出两组检测数据的算术平均值：

第一组　　　　　　　　　　　$\overline{X_1} = 15.0,\ \overline{Y_1} = 33.3$

第二组 $\overline{X_2}=34.2,\overline{Y_2}=54.8$

组成方程组：
$$\begin{cases}33.3=b+15.0a\\54.8=b+34.2a\end{cases}\tag{1.11}$$

求解此方程组得 $a=1.11988$，$b=16.503$，即可得到 $R_快$ 和 $R_标$ 的直线关系式为 $R_标=16.503+1.11988R_快$。

(4) 最小二乘法。最小二乘法是一种最常用的统计分析方法，其基本原理是使各测试数据与统计分析得到的直线关系间的误差的平方和为最小。最小二乘法中，直线方程式的截距 b、斜率 a、相关系数 r、标准离差 σ 及变异系数的计算公式为

截距
$$b=\frac{\sum XY\sum X-\sum Y\sum X^2}{(\sum X)^2-n\sum X^2}\tag{1.12}$$

斜率
$$a=\frac{\sum X\sum Y-n\sum XY}{(\sum X)^2-n\sum X^2}\tag{1.13}$$

相关系数
$$r=\frac{n\sum XY-\sum X\sum Y}{\sqrt{[n\sum X^2-(\sum X)^2][n\sum Y^2-(\sum Y)^2]}}\tag{1.14}$$

标准离差
$$\sigma=\frac{\sqrt{1-r^2}\sqrt{n\sum Y^2-(\sum Y)^2}}{n(n-2)}\tag{1.15}$$

变异系数
$$C_V=\frac{S}{\overline{X}}\times100\%\tag{1.16}$$

先列表计算 8 对测试数据的 $\sum X$、$\sum Y$、$\sum X^2$、$\sum Y^2$、$\sum XY$ 等数值（表 1.6），然后代入上述公式计算得 b、a、r、σ、C_V 值。

代入公式得
$$b=\frac{9785.61\times196.6-352.6\times5861.7}{196.6^2-8\times5861.7}=17.348\approx17.3\tag{1.17}$$

$$a=\frac{196.6\times352.6-8\times9785.61}{196.6^2-8\times5861.7}=1.0876\tag{1.18}$$

表 1.6　　　　　　　　　　　　　　最小二乘法计算表

n	$Y(R_标)$	$X(R_快)$	Y^2	X^2	XY
1	26.1	6.3	681.21	39.69	164.43
2	62.6	40.9	3918.76	1672.81	2560.34
3	29.0	12.5	841.00	156.25	362.50
4	58.4	38.6	3410.56	1489.96	2254.24
5	37.1	19.7	1376.41	388.09	730.87
6	41.1	21.5	1689.21	462.25	883.65
7	45.7	25.2	2088.49	635.04	1151.64
8	52.6	31.9	2766.76	1017.61	1677.94
Σ	352.6	196.6	16772.40	5861.7	9785.61

得到 b 和 a 值后，即可写出直线关系式 $R_标=17.3+1.0872R_快$，如果测得快速抗压强度 $R_快=30.0$MPa，代入关系式便得到 28d 标准抗压强度 $R_标=50.0$MPa。

另外，将列表计算得到的数值分别代入 r、σ、C_v 的计算公式，可得 $r=0.9949$，$\sigma=1.455$MPa，$C_v=5.88$。相关系数越接近 1，说明统计分析得到的直线关系式与测试数据之间的相关性越好，公式的使用可靠性越大，用公式计算的结果越接近实测值。

用最小二乘法统计分析直线关系式的计算较为复杂、费时，但利用 Excel 电子表格进行计算则可大大提高计算的效率和精度。

第 2 章　建筑材料基本物理性质试验

2.1　材料基本物理性质

建筑材料是建筑工程的物质基础，材料的性质与质量在很大程度上决定了工程的性能与质量。在工程实践中，选择、使用、分析和评价材料，通常是以其性质为基本依据的。建筑材料的性质，可分为基本性质和特殊性质两大部分。材料的基本性质是指建筑工程中通常必须考虑的最基本的、共有的性质；材料的特殊性质则是指材料本身不同于别的材料的性质，是材料具体使用特点的体现。

2.1.1　材料的体积组成

大多数建筑材料的内部都含有孔隙，孔隙的多少和孔隙的特征对材料的性能均产生影响，掌握含孔材料的体积组成是正确理解和掌握材料物理性质的起点。孔隙特征指孔尺寸大小、孔与外界是否连通两个内容。孔隙与外界相连通的叫开口孔；与外界不相连通的叫闭口孔。

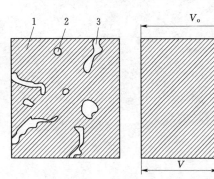

图 2.1　含孔材料的体积组成示意图
1—固体物质；2—闭孔孔隙；3—开孔孔隙

含孔材料的体积组成示意图如图 2.1 所示。从图 2.1 可知，含孔材料的体积可用以下 3 种方式表示：

（1）材料绝对密实体积。用 V 表示，是指材料在绝对密实状态下的体积。

（2）材料的孔体积。用 V_P 表示，指材料所含孔隙的体积，分为开口孔体积（记为 V_K）和闭口孔体积（记为 V_B）。

（3）材料在自然状态下的体积。用 V_o 表示，是指材料的实体积与材料所含全部孔隙体积之和。上述几种体积存在以下的关系，即

$$V_o = V + V_P \tag{2.1}$$

$$V_P = V_K + V_B \tag{2.2}$$

散粒状材料的体积组成示意图如图 2.2 所示。其中 V_o' 表示材料堆积体积，是指在堆积状态下的材料颗粒体积和颗粒之间的间隙体积之和，V_j 表示颗粒与颗粒之间的间隙体积。散粒状材料体积关系为

$$V_o' = V_o + V_j = V + V_P + V_j \tag{2.3}$$

2.1.2 材料的密度、表观密度和堆积密度

1. 密度

密度是指多孔固体材料在绝对密实状态下，单位体积的质量（也称相对密度）。用式（2.4）计算，即

$$\rho=\frac{m}{V} \qquad (2.4)$$

式中 ρ——材料的密度，g/cm^3 或 kg/m^3；

m——材料的质量（干燥至恒重），g 或 kg；

V——材料的绝对密实体积，cm^3 或 m^3。

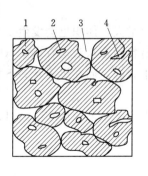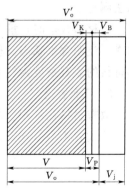

图 2.2 散粒状材料堆积体积组成示意图
1—颗粒的固体物质；2—颗粒的闭口孔隙；3—颗粒间的间隙；4—颗粒的开口孔隙

密实的单位在 SI 制中为 kg/m^3，我国建设工程中一般用 g/cm^3，偶尔用 kg/L，忽略不写时，隐含的单位为 g/cm^3，如水的密度为 1。

多孔材料的密度测定，关键是测出绝对密实体积。在常用的建筑材料中，除钢、玻璃、沥青等可近似认为不含孔隙外，绝大多数含有一定的孔隙。测定含孔材料绝对密实体积的简单方法是将该材料磨成细粉，干燥后用排液法（李氏瓶）测得的粉末体积即为绝对密实体积。由于磨得越细，内部孔隙消除得越完全，测得的体积也就越精确，因此，一般要求细粉的粒径至少小于 0.2mm。

对于砂石，因其孔隙率很小，$V \approx V_o$，直接用排水法测定其密度。对于本身不绝对密实，而用排液法测得的密度叫视密度或叫视比重。用式（2.5）表示，即

$$\rho'=\frac{m}{V'} \qquad (2.5)$$

式中 ρ'——视密度，g/cm^3；

m——材料的绝对干燥质量，g；

V'——用排水法求得的材料体积（$V'=V+V_B$），cm^3。

2. 表观密度

材料在自然状态下单位体积的质量，称为材料的表观密度（原称容重）。其计算式为

$$\rho_o=\frac{m}{V_o} \qquad (2.6)$$

式中 ρ_o——表观密度，kg/m^3；

m——材料的质量，kg；

V_o——材料表观体积（即自然状态下的体积），m^3。

测定材料在自然状态下体积的方法较简单，若材料外观形状规则，可直接度量外形尺寸，按几何公式计算；若外观形状不规则，可用排水法测得，为了防止水分由孔隙渗入材料内部而影响测定值，应在材料表面涂蜡。对于砂石，由于孔隙率很小，常把视密度叫作表观密度，如果要测定砂石真正意义上的表观密度，应蜡封开口孔后用排

水法测定。

当材料含水时，重量增大，体积也会发生变化，所以测定表观密度时须同时测定其含水率，注明含水状态。材料的含水状态有风干（气干）、烘干、饱和面干和湿润4种。通常材料的表观密度为气干状态，而在烘干状态下的表观密度叫干表观密度。

3. 堆积密度

散粒材料在堆积状态下单位堆积体积的质量，称为材料的堆积密度（原称松散容重）。其计算式式为

$$\rho_o' = \frac{m}{V_o'} \tag{2.7}$$

式中　ρ_o'——堆积密度，kg/m^3；

　　　　m——材料的质量，kg；

　　　　V_o'——材料的堆积体积，m^3。

堆积体积是指包括材料颗粒间空隙在内的体积，对于配制混凝土用的碎石、卵石及砂等松散颗粒状材料的堆积密度测定是在特定条件下，即定容积的容器（容积筒的容积）测得的体积，称为堆积体积，求其密度称为堆积密度。

材料的堆积密度定义中亦未注明材料的含水状态。根据散粒材料的堆积状态，堆积体积分为自然堆积体积和紧密堆积体积（人工捣实后）。由紧密堆积测得的堆积密度称为紧密堆积密度。

常用建筑材料的密度、表观密度和堆积密度见表2.1。

表 2.1　　　　　常用建筑材料的密度、表观密度和堆积密度

材料名称	密度/(g/m³)	表观密度/(kg/m³)	堆积密度/(kg/m³)
石灰岩	2.6~2.8	1800~2600	
花岗岩	2.6~2.9	2500~2850	
水泥	2.8~3.1		900~1300（松散堆积） 1400~1700（紧密堆积）
混凝土用砂	2.5~2.6		1450~1650
混凝土用石	2.6~2.9		1400~1700
普通混凝土		2100~2500	
黏土	2.5~2.7		1600~1800
钢材	7.85	7850	
铝合金	2.7~2.9	2700~2900	
烧结普通砖	2.5~2.7	1500~1800	
建筑陶瓷	2.5~2.7	1800~2500	
红松木	1.55~1.60	400~800	
玻璃	2.45~2.55	2450~2550	
泡沫塑料		20~50	

2.1.3 密实度与孔隙率、填充率与空隙率

1. 密实度

密实度是指材料体积内被固体物质所充实的程度，即材料的绝对密实体积与总体积之比。可按材料的密度与表观密度计算，即

$$D = \frac{V}{V_o} \tag{2.8}$$

因为

$$\rho = \frac{m}{V} ; \rho_o = \frac{m}{V_o} \tag{2.9}$$

故

$$V = \frac{m}{\rho} ; V_o = \frac{m}{\rho_o} \tag{2.10}$$

所以

$$D = \frac{V}{V_o} = \frac{\frac{m}{\rho}}{\frac{m}{\rho_o}} = \frac{\rho_o}{\rho} \tag{2.11}$$

式中　D——材料的密实度，%。

例如，普通黏土砖 $\rho_o = 1850 \mathrm{kg/m^3}$；$\rho = 2.50 \mathrm{g/cm^3}$，求其密实度。

$$D = \frac{\rho_o}{\rho} = \frac{1850}{2500} = 0.74$$

即 74%。

凡含孔隙的固体材料的密实度均小于 1。材料的 ρ_o 与 ρ 越接近，即 $\frac{\rho_o}{\rho}$ 越接近 1，材料就越密实，材料的很多性质，如强度、吸水性、耐水性、导热性等均与其密实度有关。

2. 孔隙率

孔隙率是指材料内部孔隙（开口的和封闭的）体积所占总体积的比例，按式（2.12）计算，即

$$P = \frac{V_o - V}{V_o} = 1 - \frac{V}{V_o} = 1 - \frac{\rho_o}{\rho} = 1 - D \tag{2.12}$$

式中　P——材料的孔隙率，%。

例如，按计算密实度的例子，求其孔隙率。

$$P = 1 - \frac{\rho_o}{\rho} = 1 - \frac{1850}{2500} = 0.26$$

即 26%。

材料的孔隙率与密实度是从两个不同方面反映材料的同一个性质。通常采用孔隙率表示，孔隙率可分为开口孔隙率和闭口孔隙率。

开口孔隙率（P_K）是指能被水所饱和的孔隙体积与材料表观体积之比的百分数，即

$$P_K = \frac{m_2 - m_1}{V_o} \frac{1}{\rho_{水}} \times 100\% \tag{2.13}$$

式中　m_1——干燥状态材料的质量，g；

　　　m_2——水饱和状态下材料的质量，g；

　　　$\rho_{水}$——水的密度，g/cm^3。

开口孔隙能提高材料的吸水性、透水性，而降低了抗冻性。减少开口孔隙，增加闭口孔隙，可提高材料的耐久性。

闭口孔隙（P_B）是指总孔隙率（P）与开口孔隙率（P_K）之差，即 $P_B = P - P_K$。

材料的许多性质，如表观密度、强度、导热性、透水性、耐蚀性等，除与材料的孔隙大小有关外，还与孔隙构造特征有关。孔隙构造特征，主要是指孔隙的形状和大小。根据孔隙形状分开口孔隙与闭口孔隙两类。开口孔隙与外界相连通，闭口孔隙则与外界隔绝。根据孔隙的尺寸大小，分为微孔、细孔及大孔三类。一般均匀分布的且封闭的微孔较多、孔隙率较小的材料，其吸水性较小，强度较高、热导率较小，抗渗性和抗冻性较好。

3. 填充率

填充率是指颗粒材料的堆积体积中，颗粒体积所占总体积的百分率，它反映了被颗粒所填充的程度，按式（2.14）计算，即

$$D' = \frac{V'}{V_o'} \times 100\% \quad 或 \quad D' = \frac{\rho_o'}{\rho} \times 100\% \tag{2.14}$$

式中　V'——用排水法求得的材料体积（$V' = V + V_B$），m^3；

　　　V_o'——材料的堆积体积，m^3。

4. 空隙率

空隙率是指颗粒材料的堆积体积内，颗粒之间的空隙体积占总体积的百分率，即

$$P' = \frac{V_o' - V'}{V_o'} = 1 - \frac{V'}{V_o'} = 1 - D' \tag{2.15}$$

式中　V'——用排水法求得的材料体积（$V' = V + V_B$），m^3；

　　　V_o'——材料的堆积体积，m^3。

根据上述空隙率和填充率的定义，可知两者关系为

$$D' + P' = 1 \quad 或 \quad P' = 1 - D'$$

2.1.4　材料的热物理性能

建筑材料除了须满足必要的强度及其他性能要求外，为了降低建筑物的使用能耗，以及为生产和生活创造适宜的条件，常要求建筑材料具有一定的热物理性能，以维持室内温度。常考虑材料的热物理性能指标有热导率、蓄热系数、导温系数、传热系数、比热容、热阻、热惰性等。

1. 热导率

热导率是指材料在稳定传热条件下，1m 厚的材料，两侧表面的温差为 1K，在 1h 内通过 1m^2 面积传递的热量，单位为瓦/（米·度）[W/(m·K)]。热导率计算公式为

$$\lambda = \frac{Qa}{(T_1 - T_2)At} \tag{2.16}$$

式中　λ——材料的热导率，W/(m·K)；

　　　Q——传热量，J；

a——材料厚度，m；

A——传热面积，m^2；

t——传热时间，s；

T_1-T_2——材料两侧表面温差，K。

不同的建筑材料具有不同的热物理性能，衡量建筑材料保温隔热性能优劣的主要指标是热导率 $\lambda[W/(m \cdot K)]$。材料的热导率越小，则通过材料传递的热量越少，表示材料的保温隔热性能越好。各种材料的热导率差别很大，一般介于 $0.025 \sim 3.50 W/(m \cdot K)$，如泡沫塑料热导率为 $0.035 W/(m \cdot K)$，而大理石热导率为 $3.5 W/(m \cdot K)$。

热导率是材料的固有特性，热导率与材料的物质组成、结构等有关，尤其与其孔隙率、孔隙特征、湿度、温度和热流方向等有着密切关系。由于密闭空气的热导率很小，约为 $0.023 W/(m \cdot K)$，所以材料的孔隙率较大者其热导率较小，但是如果孔隙粗大或贯通，由于对流作用，材料的热导率反而增高。材料受潮或受冻后，其热导率大大提高，这是由于水和冰的热导率比空气的热导率大很多。因此，材料应经常处于干燥状态，以利于发挥材料的保温隔热效果。

2. 比热容

材料的比热容表示 1kg 材料，温度升高或降低 1K 时所吸收或放出的热量。比热容计算公式为

$$c=\frac{Q}{m(T_1-T_2)} \tag{2.17}$$

式中　c——材料的比热容，$kJ/(kg \cdot K)$；

　　　Q——材料吸收或放出的热量，kJ；

　　　m——材料的质量，kg；

T_1-T_2——材料受热或冷却前后的温度差，K。

比热容是衡量材料吸热或放热能力大小的物理量。比热容也是材料的固有特性，材料的比热容主要取决于矿物成分和有机成分含量，一般无机材料比热容小于有机材料的比热容。不同的材料比热容不同，即使是同一种材料，由于所处的物态不同，比热容也不同，例如，水的比热容为 $4.19 kJ/(kg \cdot K)$，而水结冰后比热容则是 $2.05 kJ/(kg \cdot K)$。

材料的比热容对保持建筑物内部温度稳定有很大意义，比热容大的材料，能在热流变动或采暖设备供热不均匀时，缓和室内的温度波动。

3. 蓄热系数

当某一足够厚度的单一材料层一侧受到谐波热作用时，通过表面的热流波幅与表面温度波幅的比值，称为蓄热系数。蓄热系数是衡量材料储热能力的重要性能指标。它取决于材料的热导率、比热容、表观密度以及热流波动的周期。蓄热系数计算公式为

$$S=\sqrt{\frac{2\pi}{T}\lambda c\gamma_0} \tag{2.18}$$

式中　S——材料的蓄热系数，$W/(m^2 \cdot K)$；

　　　λ——材料的热导率，$W/(m \cdot K)$；

　　　c——材料的比热容，$J/(kg \cdot K)$；

γ_0——材料的表观密度，kg/m^3；

T——材料的热流波动周期，h。

通常使用周期为 24h 的蓄热系数，记为 S_{24}。材料的蓄热系数大，蓄热性能好，热稳定性也较好。

4. 导温系数

导温系数又称为热扩散率，材料的导温系数是衡量材料在稳定（两侧面温差恒定）的热作用下传递热量多少的热物理性能指标。当热作用随时间改变时，材料内部的传热特性不仅取决于热导率，还与材料的蓄热能力有关。在这种随时间而变化的不稳定传热过程中，材料各点达到相同温度的速度与材料的热导率成正比，与材料的体积热容量成反比。体积热容量等于比热容与表观密度的乘积，其物理意义是 $1m^3$ 的材料升温或降温 1℃所吸收或放出的热量。材料的导温系数计算公式为

$$\delta = \frac{\lambda}{c\gamma_0} \qquad (2.19)$$

式中 δ——材料的导温系数，m^2/s；

λ——材料的热导率，$W/(m \cdot K)$；

c——材料的比热容，$J/(kg \cdot K)$；

γ_0——材料的表观密度，kg/m^3。

导温系数越大，材料中温度变化传播越迅速，各点达到相同温度越快。材料的分子结构和化学成分对材料的导温系数影响很大。表观密度相同的情况下，晶体材料的导温系数比玻璃体材料的导温系数大。导温系数一般随材料表观密度减小而降低。然而，当表观密度减小到一定程度时，导温系数反而随材料表观密度减小而迅速增大。导温系数随着温度的升高有所增大，但是影响幅度不大。温度对导温系数的影响较为复杂，这是因为当温湿度增大时热导率与比热容也都增大，但是增大速率不同，而导温系数取决于热导率与比热容的比值。

结合前面热导率、比热容、蓄热系数的概念，对一些常见干燥状态材料的热物理性能指标可以进行对比分析，有利于建筑材料的合理利用，见表 2.2。

表 2.2　　　　　　　几种典型材料干燥状态的热物理性能指标

材 料 名 称	热导率 /[W/(m · K)]	比热容 /[kJ/(kg · K)]	蓄热系数（24h） /[W/(m² · K)]
紫铜	407.000	0.42	324.00
青铜	64.000	0.38	118.00
建筑钢材	58.200	0.48	126.00
铸铁	49.900	0.48	112.00
铝	203.00	0.92	191.00
花岗岩	3.490	0.92	25.49
大理石	2.910	0.92	23.27
建筑用砂	0.580	1.01	8.26
碎石、卵石混凝土	1.280～1.510	0.92	13.57～15.36

材 料 名 称	热导率 /[W/(m·K)]	比热容 /[kJ/(kg·K)]	蓄热系数（24h） /[W/(m²·K)]
自然煤矸石或炉渣混凝土	0.560～1.000	1.05	7.63～11.68
粉煤灰陶粒混凝土	0.440～0.950	1.05	6.30～11.40
黏土陶粒混凝土	0.530～0.840	1.05	7.25～10.36
加气混凝土	0.093～0.220	1.05	2.81～3.59
泡沫混凝土	0.190	1.05	2.81
钢筋混凝土	1.740	0.92	17.20
水泥砂浆	0.930	1.05	11.37
石灰水泥砂浆	0.870	1.05	10.75
石灰砂浆	0.810	1.05	10.07
石灰石膏砂浆	0.760	1.05	9.44
保温砂浆	0.290	1.05	4.44
烧结普通砖	0.650	0.85	10.05
蒸压灰砂砖砌体	1.100	1.05	12.72
KP1型烧结多孔砖砌体	0.580	1.05	7.92
炉渣砂砖砌体	0.810	1.05	10.43
松木	0.140	2.51	3.85
泡沫塑料	0.033～0.048	1.38	0.36～0.79
泡沫玻璃	0.058	0.84	0.70
膨胀珍珠岩	0.070～0.058	1.17	0.63～0.84
膨胀聚苯板	0.042	1.38	0.36
矿棉、岩棉、玻璃棉板	0.048	1.34	0.77
硬泡聚氨酯	0.027	1.38	0.36
石膏板	0.330	1.05	5.28
胶合板	0.170	2.51	4.57
平板玻璃	0.760	0.84	10.69
冰	2.326	2.05	
水	0.581	4.19	
静止空气	0.023	1.00	

2.2 密度试验（李氏比重瓶法）

1. 试验目的

通过试验掌握材料的密度、表观密度、孔隙率及吸水率等概念，以及材料的强度与材料的孔隙率的大小及孔隙特征的关系，验证水对材料力学性能的影响。

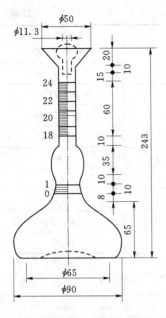

图 2.3　李氏比重瓶
（单位：mm）

2. 试验依据

本试验依据《水泥密度测定方法》（GB/T 208—1994）进行。

3. 主要试验仪器

李氏比重瓶（图 2.3）、筛子（孔径 0.25mm）、烘箱、干燥器、天平（称量 500g，精度 0.01g）、温度计、恒温水槽、粉磨设备等。

4. 试样制备

将试样研磨，用 0.90mm 方孔筛筛除筛余物，并放到 110℃±5℃ 的烘箱中，烘至恒重。将烘干的粉料放入干燥器中冷却至室温待用。

5. 试验步骤

（1）将石料试样粉碎、研磨、过筛后放入烘箱中，以 100℃±5℃ 的温度烘干至恒重。烘干后的粉料储放在干燥器中冷却至室温，以待取用。

（2）在李氏比重瓶中注入煤油或其他对试样不起反应的液体至突颈下部的零刻度线以上，将李氏比重瓶放在温度为 $(t\pm1)$℃ 的恒温水槽内（水温必须控制在李氏比重瓶标定刻度时的温度），使刻度部分进入水中，恒温 0.5h。记下李氏比重瓶第一次读数 V_1（准确到 0.05mL，下同）。

（3）从恒温水槽中取出李氏比重瓶，用滤纸将李氏比重瓶内零点起始读数以上的没有的部分擦净。

（4）取 100g 左右试样，用感量为 0.01g 的天平（下同）准确称取瓷皿和试样总质量 m_1。用牛角匙小心将试样通过漏斗渐渐送入李氏比重瓶内（不能大量倾倒，因为这样会妨碍李氏比重瓶中的空气排出，或在咽喉部分形成气泡，妨碍粉末的继续下落），使液面上升至 20mL 刻度处（或略高于 20mL 刻度处），注意勿使石粉黏附于液面以上的瓶颈内壁上。摇动李氏比重瓶，排出其中空气，至液体不再发生气泡为止。再放入恒温水槽，在相同温度下恒温 0.5h，记下李氏比重瓶第二次读数 V_2。

（5）准确称取瓷皿加剩下的试样总质量 m_2。

6. 试验数据处理

（1）将试验所得数据填入表 2.3 中。

表 2.3　　　　　　　　　　　　数 据 记 录 表

试验数据	V_1	V_2	m_1	m_2	ρ_{t1}	ρ_{t2}
第一次						
第二次						

（2）试样密度按式（2.20）计算（精确至 0.01g/cm³），即

$$\rho_t = \frac{m_1 - m_2}{V_1 - V_2} \qquad (2.20)$$

式中 ρ_t——试样密度，g/cm³；

  m_1——试验前试样加瓷皿总质量，g；

  m_2——试验后剩余试样加瓷皿总质量，g；

  V_1——李氏比重瓶第一次读数，mL 或 cm³；

  V_2——李氏比重瓶第二次读数，mL 或 cm³。

（3）以两次试验结果的算术平均值作为测定值，如两次试验结果相差大于 0.02g/cm³ 时，应重新取样进行试验，即

$$\rho_t = \frac{\rho_{t1} + \rho_{t2}}{2} \qquad (2.21)$$

7. 误差分析

（1）读数误差，在李氏比重瓶读数时，仰视俯视凹液面最低处的误差，"俯大仰小"、天平读数、温度计读数时难以避免的误差。

（2）试验条件控制的误差，包括李氏比重瓶的恒温，还有试样在漏斗中可能有一定的残留，李氏比重瓶壁上可能会附着气泡。

（3）环境湿度会使测试样本质量时环境难以确保绝对干燥。

2.3 表观密度试验

表观密度是指材料在自然状态下单位体积（包括内部孔隙的体积）的质量。试验方法有容量瓶法、广口瓶法和直接测量法，其中容量瓶法用来测定砂的表观密度，广口瓶法用来测定石子的表观密度，直接测量法测定几何形状规则的材料。

2.3.1 砂的表观密度试验（容量瓶法）

1. 主要仪器设备

主要设备包括容量瓶（500mL）、托盘天平（图 2.4）、干燥器、浅盘、铝制料勺、温度计、烘干箱（图 2.5）、烧杯等。

图 2.4　托盘天平　　　　　　　　　　图 2.5　烘干箱

2．试样制备

将 660g 左右的试样在温度为（105±5)℃的烘干箱中烘干至恒重，并在干燥器内冷却至室温。

3．试验方法及步骤

（1）称取烘干的试样 300g（m_0），精确至 1g，将试样装入容量瓶，注入冷开水至接近 500mL 的刻度处，摇转容量瓶，使试样在水中充分搅动，排除气泡，塞紧瓶塞后静置 24h。

（2）静置后用滴管添水，使水面与瓶颈 500mL 刻度线平齐，再塞紧瓶塞，擦干瓶外水分，称取其质量（m_1），精确至 1g。

（3）倒出瓶中的水和试样，将瓶的内、外表面洗净。再向瓶内注入与前面水温相差不超过 2℃的冷开水至瓶颈 500mL 刻度线，塞紧瓶塞并擦干瓶外水分，称取其质量（m_2），精确至 1g。

4．结果计算

按式（2.22）计算砂的表观密度 $\rho_{o,s}$（精确至 10kg/m³），即

$$\rho_{o,s} = \left(\frac{m_0}{m_0 + m_2 - m_1} \right) \times 1000 \quad (\mathrm{kg/m^3}) \tag{2.22}$$

2.3.2　石子表观密度试验（广口瓶法）

1．主要仪器设备

主要设备包括广口瓶、烘干箱、天平、筛子、浅盘、带盖容器、毛巾、刷子、玻璃片等。

2．试样准备

将试样筛去 4.75mm 以下的颗粒，用四分法缩分至表 2.4 所规定的数量，洗刷干净后，分成大致相等的两份备用。

表 2.4　　　　　　　　　表观密度试验所需试样数量

最大粒径	<26.5	31.5	37.5	63.0	75.0
最少试样质量/kg	2.0	3.0	4.0	6.0	6.0

3．试验方法与步骤

（1）将试样浸水饱和后，装入广口瓶中，装试样时广口瓶应倾斜放置，然后注满清水，用玻璃片覆盖瓶口，上下左右摇晃广口瓶以排除气泡。

（2）气泡排尽后，向广口瓶内添加清水，直至水面突出到瓶口边缘，然后用玻璃片沿瓶口迅速滑行，使水面与瓶口平齐。擦干瓶外水分后称取试样、水、瓶和玻璃片的质量（m_1），精确至 1g。

（3）将瓶中的试样倒入浅盘中，置于（105±5)℃的烘箱中烘干至恒重，在干燥器中冷却至室温后称出试样的质量（m_0），精确至 1g。

（4）将广口瓶洗净，重新注入与前面水温不超过 2℃的清水，使水面与瓶口平齐，用玻璃片紧贴瓶口表面，擦干瓶外水分后称出质量（m_2），精确至 1g。

4. 结果计算

按式（2.23）计算石子的表观密度 $\rho_{o,g}$（精确至 $10\mathrm{kg/m^3}$）：

$$\rho_{o,g} = \left(\frac{m_0}{m_0 + m_2 - m_1} - \alpha\right) \times 1000 \quad (\mathrm{kg/m^3}) \tag{2.23}$$

式中　α——水温修正系数。

按照规定，砂石表观密度应用两份试样分别测定，并以两次结果的算术平均值作为测定结果（精确到 $10\mathrm{kg/m^3}$），如果两次结果之差值超过 $20\mathrm{kg/m^3}$，应重新取样测试；对颗粒材质不均匀的石子试样，如果两次试验结果之差值超过 $20\mathrm{kg/m^3}$，可取 4 次测定结果的算术平均值作为测定值。

2.3.3　几何形状规则的材料表观密度试验

1. 主要仪器设备

主要设备包括游标卡尺、天平、烘干箱、干燥器等。

2. 试样制备

将形状规则的试样放入（105 ± 5）℃的烘干箱内烘干至恒重，取出放入干燥器中，冷却至室温待用。

3. 试验方法与步骤

（1）将试样加工成规则几何形状的试件（3 个）后放入烘干箱内，以（100 ± 5）℃的温度烘干至恒重。用游标卡尺量其尺寸（精确至 $0.01\mathrm{cm}$），并计算其体积 V_0（$\mathrm{cm^3}$）。然后再用天平称其质量 m（精确至 $0.01\mathrm{g}$）。按式（2.24）计算其表观密度，即

$$\rho_t' = \frac{m}{V_0} \quad (\mathrm{g/cm^3}) \tag{2.24}$$

（2）求试件体积时，如试件为立方体或长方体，则每边应在上、中、下 3 个位置分别测量，求其平均值，然后再按式（2.25）计算体积，即

$$V_0 = \frac{a_1 + a_2 + a_3}{3}\frac{b_1 + b_2 + b_3}{3}\frac{c_1 + c_2 + c_3}{3} \quad (\mathrm{cm^3}) \tag{2.25}$$

式中　a、b、c——试件的长、宽、高。

（3）求试件体积时，如试件为圆柱体，则在圆柱体上、下两个平行切面上及试件腰部，按两个互相垂直的方向量其直径，求 6 次测量的直径平均值 d，再在互相垂直的两直径与圆周交界的四点上量其高度，求 4 次测量的平均值 h，最后按式（2.26）求其体积，即

$$V_0 = \frac{\pi d^2}{4}h \quad (\mathrm{cm^3}) \tag{2.26}$$

（4）组织均匀的试件，其体积密度应为 3 个试件测得结果的平均值，组织不均匀的试件，应记录最大值与最小值。

2.4　堆 积 密 度 试 验

堆积密度是指粉状或颗粒状材料，在堆积状态下，单位体积（包括组成材料的孔隙、

堆积状态下的空隙和密实体积之和）的质量。堆积密度的测定根据所测定材料的粒径不同，而采用不同的方法，但原理相同。实际工程中，主要测试砂和石子的堆积密度。

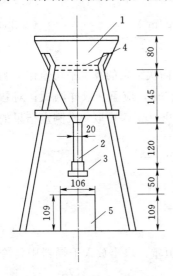

图 2.6　砂堆积密度漏斗
1—漏斗；2—管子；3—活动门；
4—筛子；5—容量筒

2.4.1　砂堆积密度试验

1. 主要仪器设备

主要设备包括标准容器（金属圆柱形，容积为 1L）、标准漏斗（图 2.6）、台秤、铝制料勺、烘干箱及直尺等。

2. 试样制备

用四分法取砂样约 3L 试样放入浅盘中，将浅盘放入温度为（105±5）℃的烘干箱中烘至恒重，取出冷却至室温，筛除大于 4.75mm 的颗粒，分为大致相等的两份待用。

3. 试验方法及步骤

（1）称取标准容器的质量（m_1），精确至 1g；再测定标准容器的体积（V_o'），将标准容器置于下料漏斗下面，使下料漏斗正对中心。

（2）取试样一份，用铝制料勺将试样装入下料漏斗，打开活动门，使试样徐徐落入标准容器（漏斗出料口或料勺距标准容器筒口为 5cm），直至试样装满并超出标准容器筒口。上部是锥体后关闭活动门。

（3）用直尺将多余的试样沿筒口中心线向两个相反方向刮平，称其质量（m_2），精确至 1g。加料及刮平过程中不得触动标准容器。

4. 结果计算

试样的堆积密度 ρ_o' 按式（2.27）计算（精确至 10kg/m³），即

$$\rho_o' = \frac{m_2 - m_1}{V_o'} \tag{2.27}$$

堆积密度应用两份试样测定，并以两次结果的算术平均值作为测定结果。

2.4.2　石子堆积密度试验

1. 主要仪器设备

主要设备包括标准容器（根据石子最大颗粒选取，见表 2.5）秤、小铲、烘干箱、直尺及磅秤（感量 50g）等。

表 2.5　　　　　　　　　　　标 准 容 器 规 格

石子最大粒径/mm	标准容器/L	标准容器尺寸/mm		
		内径	净高	壁厚
9.5、16.0、19.0、26.5	10	208	294	2
31.5、37.5	20	294	294	3
53.0、63.0、75.0	30	360	294	4

2. 试样制备

石子按规定（表 2.6）取样后烘干或风干后，拌匀并将试样分为大致相等的两份备用。

表 2.6　　　　　　　　　　　　　　石子堆积密度试样取样质量

粒度/mm	9.5	16.0	19.0	26.5	31.5	37.5	63.0	75.0
质量/kg	40	40	40	40	80	80	120	120

3. 试验方法及步骤

（1）称取标准容器的质量（m_1）及测定标准容器的体积 V_o'，取一份试样，用小铲将试样从标准容器上方 50mm 处徐徐加入，试样自由下落，直至容器上部试样呈锥体且四周溢满时，停止加料。

（2）除去凸出容器表面的颗粒，并以合适的颗粒填入凹陷部分，使表面凸起部分体积和凹陷部分体积大致相等。称取试样和容量筒总质量 m_2，精确至 10g。

4. 结果计算

试样的堆积密度 ρ_o' 按式（2.28）计算（精确至 $10kg/m^3$），即

$$\rho_o' = \frac{m_2 - m_1}{V_o'} \tag{2.28}$$

堆积密度应用两份试样测定，并以两次结果的算术平均值作为测定结果。

2.5　集料近似密度（视密度）试验

1. 试样准备

将缩分至约 650g 的集料试样在 $105℃±5℃$ 烘干箱中烘至恒重，并在干燥器中冷却至室温后分成两份试样备用。

2. 试验方法

（1）称取烘干试样 $300g(m_0)$，装入盛有半瓶冷开水的容量瓶中，摇动容量瓶，使试样充分搅动以排除气泡，塞紧瓶塞。

（2）静置 24h 后打开瓶塞，用滴管添水使水面与瓶颈刻线平齐。塞紧瓶塞，擦干瓶外水分，称其质量（m_1）。

（3）倒出容量瓶中的水和试样，清洗瓶内外，再注入与前水温相差不超过 2℃ 的冷开水至瓶颈刻线。塞紧瓶塞，擦干瓶外水分，称其质量（m_2）。

（4）实验过程中应测量并控制水温。各项称量可以在 $15\sim25℃$ 的温度范围内进行。从试样加水静置的最后 2h 起至实验结束，其温差不超过 2℃。

3. 试验结果计算

近似密度（视密度）ρ_{as} 应按式（2.29）计算（精确至 $10kg/m^3$），即

$$\rho_{as} = \left(\frac{m_0}{m_0 + m_2 - m_1} - a_t \right) \times 1000 \quad (kg/m^3) \tag{2.29}$$

式中　m_1——瓶＋试样＋水总质量，g；

　　　　m_2——瓶＋水总质量，g；

　　　　m_0——烘干试样质量，g；

　　　　a_t——水温对水相对密度修正系数，如表 2.7 所示。

表 2.7

水温/℃	15	16	17	18	19	20	21	22	23	24	25
a_t	0.002	0.003	0.003	0.004	0.004	0.005	0.005	0.006	0.006	0.007	0.008

近似密度以两次测定结果的算术平均值为测定值，如两次结果之差大于 $20kg/m^3$ 时，应重新取样进行实验。

2.6 材料的吸水率检测

材料的吸水率是指材料在吸水饱和状态下的吸水量和干燥状态下材料的质量或体积比，分别用质量吸水率和体积吸水率表示。

1. 主要仪器设备

主要设备包括天平、烘干箱、玻璃盆、游标卡尺等。

2. 试样制备

将试样置于温度为 105℃±5℃ 的烘干箱中烘至恒重，再放入干燥器内冷却至室温待用。

3. 测试方法与步骤

（1）从干燥器内取出试样称其质量 m_1。

将试样放入玻璃盆中，在盆底放置垫条（玻璃管或玻璃棒），使试样和盆底有一定距离，试样之间留出 1~2cm 的间隙，使水能够自由进入。

（2）加水至试样高度的 1/3 处，过 24h 后再加水至试样高度的 2/3 处，再过 24h 后加满水，并放置 24h。逐次加水的目的是使试样内的空气排出。

（3）取出试样，用拧干的湿毛巾擦去试样表面水分后称取质量 m_2。

（4）为检验试样是否吸水饱和，可将试样重新浸入水中至试样高度 3/4 处，过 24h 后重新称量，两次称量结果之差不超过 1% 即可认为吸水饱和。

4. 结果计算

材料的质量吸水率和体积吸水率按式（2.30）和式（2.31）计算，即

$$W_W = \frac{m_2 - m_1}{m_1} \times 100\% \tag{2.30}$$

$$W_V = \frac{m_2 - m_1}{V_o \rho_W} \times 100\% \tag{2.31}$$

上二式中　W_W——材料的质量吸水率；

　　　　　W_V——材料的体积吸水率；

　　　　　m_1——试样的干燥质量；

　　　　　m_2——试样的吸水饱和质量；

　　　　　V_o——试样的自然体积；

　　　　　ρ_W——水的密度。

按规定，材料的吸水率测试应用 3 个试样平行进行，并以 3 个试样吸水率的算术平均值作为测试结果。

第3章 钢 材 试 验

3.1 概　　述

建筑钢材是建筑工程中所用各种钢材的总称。钢材具有强度高，有一定塑性和韧性，能承受冲击和振动荷载，可以焊接和铆接，便于装配等优点；缺点主要是易锈蚀，维护费用大，耐火性差，生产能耗大。建筑钢材常用于钢结构和钢筋混凝土结构，前者主要用型钢，后者主要用钢筋和钢丝，两者均为碳素结构钢和低合金结构钢。钢材试验重点要对钢材拉伸、弯曲等性能进行对比分析，以满足钢材在建筑施工中的要求。

3.1.1　与钢材物理试验有关的现行标准和规范。

（1）《钢筋混凝土用钢　第 1 部分：热轧光圆钢筋》（GB 1499.1—2008）。

（2）《钢筋混凝土用钢　第 2 部分：热轧带肋钢筋》（GB 1499.2—2007）。

（3）《冷轧带肋钢筋》（GB 13788—2008）。

（4）《预应力混凝土用钢丝》（GB/T 5223—2002）。

（5）《预应力混凝土用钢棒》（GB/T 5223.3—2005）。

（6）《预应力混凝土用钢绞线》（GB/T 5224—2003）。

（7）《金属材料　拉伸试验　第 1 部分：室温试验方法》（GB/T 228.1—2010）。

（8）《金属材料　弯曲试验方法》（GB/T 232—2010）。

（9）《钢及钢产品　力学性能试验取样位置及试样制备》（GB/T 2975—1998）。

3.1.2　建筑钢材的选用原则

钢材的选择是一项非常重要的工作，不仅关系到结构的安全，而且关系到工程的造价。因此，钢材的选用一般应遵循下列原则：

（1）荷载性质。对于经常承受动力或振动荷载的结构（如吊车梁、铁路公路桥等），容易产生应力集中，需要选用材质好的钢材。

（2）使用温度。对于经常处于低温状态的结构，钢材容易发生冷脆断裂，特别是焊接结构更甚，因而要求钢材具有良好的塑性和低温冲击韧性。对于经常处于高温条件工作的钢结构（如锅炉等），要求采用时效敏感小的钢材。

（3）连接方式。对于焊接结构，当温度变化和受力性质发生改变时，焊缝附近的母体金属很容易出现冷、热裂纹，促使钢结构早期破坏。因此，焊接结构对钢材化学成分和力学性能要求应比较严格。

（4）钢材厚度。钢材力学性能一般随厚度增大而降低，钢材经过多次轧制后，钢的内部结晶组织更为紧密，强度有所提高，质量更好。因此，一般结构用的钢材厚度不宜超过 40mm。

(5) 结构重要性。选择钢材要考虑结构使用的重要性，根据结构的实际选择适宜的钢材，如大跨度结构、重要的建筑物结构，必须相应选用质量更好的钢材。

3.1.3 常用钢材必试项目、取样批次及取样数量规定

(1) 碳素结构钢（GB/T 700—2006）。必试项目为拉伸试验（下屈服点、抗拉强度、伸长率）和弯曲试验；取样批次及取样数量为同牌号、同炉罐、同一等级、同一品种、同交货状态，每60t为一验收批，不足60t也按一批计，每一验收批取一组试件（拉伸、弯曲各1个）。

(2) 钢筋混凝土用热轧光圆钢筋（GB 1499.1—2008、GB/T 2975—1998、GB/T 2101—2008）。必试项目为拉伸试验（下屈服点、抗拉强度、伸长率）和弯曲试验；取样批次及取样数量为每批由同一牌号、同一炉罐、同一规格的钢筋组成，每批重量通常不大于60t；每一验收批，在任选的两根钢筋上切取试件（拉伸两个、弯曲两个）；超过60t的部分，每增加40t（或不足40t的余数），增加一个拉伸试验试件和一个弯曲试验试件。

(3) 钢筋混凝土用热轧带肋钢筋（GB 1499.2—2007、GB/T 2975—1998、GB/T 2101—2008）。必试项目和取样批次及取样数量同上。

(4) 冷轧带肋钢筋（GB 13788—2008、GB/T 2975—1998、GB/T 2101—2008）。必试项目为拉伸试验（抗拉强度、伸长率）和弯曲试验；取样批次及取样数量为同一牌号、同一外形、同一规格、同一生产工艺、同一交货状态每60t为一验收批，不足60t也按一批计。每一验收批取拉伸试件1个（逐盘）、弯曲试件2个（每批）。在每（任）盘中的任意一端截去50mm后切取。

(5) 预应力混凝土用钢丝（GB/T 2013—2008、GB/T 5223—2002）。必试项目为抗拉强度、伸长率和弯曲试验；取样批次及取样数量为同一牌号、同一规格、同一加工状态的钢丝组成，每批重量不大于60t，钢丝的检验应按（GB/T 2103）的规定执行，在每盘钢丝的两端进行抗拉强度、弯曲和伸长率的试验。

(6) 预应力混凝土用钢棒（GB/T 5223.3—2005）。必试项目为抗拉强度、断后伸长率和伸直性；取样批次及取样数量为每批由同一牌号、同一规格、同一加工状态的钢棒组成，每批重量不大于60t。从任一盘钢棒任意一端截取1根试样进行抗拉强度、断后伸长率试验，每批钢棒从不同盘中截取3根试样进行弯曲试验，每5盘取1根作为伸直性试验试样。对于直条钢棒，以切断盘条的盘数样为依据。

(7) 预应力混凝土用钢绞线（GB/T 5224—2003）。必试项目为整根钢绞线最大力、规定非比例延伸力、最大总伸长率尺寸测量；取样批次及取样数量为每批由同一等级、同一规格、同一生产工艺捻制的钢绞线组成，每批质量不大于60t。从每批钢绞线中任取3盘，从每盘所选的钢绞线端部正常部位截取一根进行表面质量、直径偏差、捻距和力学性能试验，如每批少于3盘，则应逐盘进行上述检验。

3.1.4 钢材物理试验结果的评定

(1) 依据钢材相应的产品标准中规定的技术要求，按委托来样提供的钢材牌号进行评定。

(2) 试验项目中如有某一项试验结果不符合标准要求，则从同一批中再任取双倍数量

的试样进行不合格项目的复验。复验结果（包括该项试验所要求的任一指标）即使有一个指标不合格，则该批视为不合格。

（3）由于取样、制样、试验不当而获得的试验结果，应视为无效。

3.2 建筑钢材的主要技术性能

建筑钢材的主要技术性能包括力学性能、工艺性能。其中，建筑钢材的力学性能又主要包括抗拉性能、冲击韧性、伸长率和耐疲劳性能等；建筑钢材的工艺性能主要包括冷弯性能和焊接性能。

3.2.1 建筑钢材的力学性能

1. 力学性能

抗拉性能是建筑钢材最常用、最重要的力学性能。钢材的抗拉性能由拉力试验测定的屈服点、抗拉强度和伸长率3项技术指标完成。通过拉伸试验可测得屈服强度、抗拉强度和断后伸长率，这些是钢材的重要技术性能指标。

建筑钢材的抗拉性能，可以通过低碳钢（软钢）拉力试验来说明。图3.1中可明显地划分为弹性阶段（$O \to A$）、屈服阶段（$A \to B$）、强化阶段（$B \to C$）和颈缩阶段（$C \to D$）4个阶段。

（1）弹性阶段（OA）。钢材在弹性阶段受力时，其应变的增加与应力的增加成正比例关系，当外力消除后，变形也即消失，A点对应的应力称为比例极限。当应力稍低于A点时，应力与应变的比值为一个常数，称为钢材的弹性模量，用$E_g (E_g = \sigma / \xi)$表示，建筑常用的碳素结构钢$E_g = (2.0 \sim 2.1) \times 10^5 MPa$。当应力超过$A$点后，不再保持正比例关系，则应变与应力的关系改变。

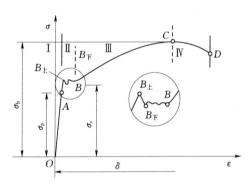

图3.1 碳素结构钢的拉力-应变图示

（2）屈服阶段（AB）。当应力超过A点后，如卸去拉力，试件的变形不能完全消失，表明已经出现了塑性变形，到达屈服阶段。在屈服阶段，试样的应力虽不增加，钢材迅速产生塑性变形，但变形很不稳定，这是由于受力过程中晶格产生了较大的相对滑移，晶体组织不断变化与调整的结果。在试验中力不增加（保持恒定）仍能继续伸长时的应力称为屈服点。屈服点是设计中极其重要的技术参数，一般以屈服点作为强度取值的依据。钢材在小于屈服点工作时，不会出现较大的塑性变形，能满足使用的要求。

（3）强化阶段（BC）。钢材在屈服以后，由于晶体组织的调整，其抵抗变形的能力重新增强，故称为"强化"。上升曲线最高点C对应的应力被称为抗拉强度，用σ表示。Q235钢的$\sigma \geqslant 375MPa$。

抗拉强度σ在设计中虽不能利用，但屈强比（σ_s / σ，即屈服强度与抗拉强度的比值）

在设计中却有重要意义。屈强比小，钢材到破坏时的储备潜力大，而且钢材塑性好，应力重分布能力强，用于结构的安全性高。若屈强比过小，则钢材利用率低、不经济。建筑结构钢的屈强比一般在 0.60～0.75 范围内较合理。普通碳素结构钢 Q235 的屈强比为 0.58～0.63；低合金结构钢的屈强比为 0.65～0.75；对有抗震要求的框架结构纵向受力钢筋要求屈强比不应超过 0.80。

（4）颈缩阶段（CD）。当应力达到抗拉强度时，钢材内部结构遭到严重破坏，试件从薄弱处产生颈缩及迅速伸长变形直至断裂，此种现象称为"颈缩"。在颈缩阶段，由于试件截面迅速减小，钢材承载能力急剧下降。

将拉断的试件在断口处拼合起来，量出拉断后标距部分的长度 L_1，由 L_1 与原始标距长 L_0，用式（3.1）可测得钢材伸长率 δ，其计算式为

$$\delta = \frac{L_1 - L_0}{L_0} \times 100\% \tag{3.1}$$

式中　L_0——试件原始标距的长度，mm；

　　　L_1——试件拉断后标距部分的长度，mm。

应当注意，由于发生颈缩现象，所以塑性变形在试件标距内的分布是很不均匀的，颈缩处的伸长较大，当原标距与直径的比值越大，则颈缩处的伸长数值在整个伸长值中的比例越小，因而计算的伸长率会小些。通常以 δ_5 和 δ_{10} 分别表示 $L_0 = 5d_0$ 和 $L_0 = 10d_0$ 时的伸长率，d_0 为试件的原直径。对于同一钢材，$\delta_5 > \delta_{10}$。

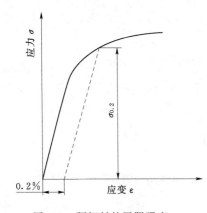

图 3.2　硬钢材的屈服强度 $\sigma_{0.2}$

伸长率表明钢材塑性变形能力的大小，是评定钢材质量的重要指标。伸长率较大的钢材，钢质较软，强度较低，但塑性好，加工性能好，应力重分布的能力强，用于结构安全性大，但塑性过大，又影响实际使用。塑性过小，钢材质硬脆，受到突然超荷载作用时，构件易断裂。

硬钢材由于材质较硬，抗拉强度高，塑性变形较小，受拉时无明显的屈服阶段，如图 3.2 所示。由于硬钢材没有明显的屈服阶段，屈服点不便测定，故常以其规定残余变形 $0.2\% L_0$ 时的应力作为规定的屈服极限，用 $\sigma_{0.2}$ 表示。

通过拉力试验，还可以测定另一个表明试件（钢材）的塑性指标——断面收缩率 ψ。它表示试件拉断后，颈缩处横截面面积最大缩减量与原始横截面面积的百分比，即

$$\psi = \frac{F_1 - F_0}{F_0} \times 100\% \tag{3.2}$$

式中　F_0——原始横截面积，mm^2；

　　　F_1——断裂颈缩处的横截面面积，mm^2。

2. 冲击韧性

冲击韧性是指钢材抵抗冲击荷载作用的能力。冲击韧性指标是通过标准试件的弯曲冲

击韧性试验确定的，将以摆锤冲击标准试件，于刻槽处将其打断，试件单位截面面积（cm²）上所消耗的功，即为钢材的冲击韧性值。冲击韧性用 $\alpha_k(J/cm^2)$ 表示。α_k 值越大，钢材的冲击韧性越好。钢材冲击韧性主要受到下列因素影响：

（1）化学成分及轧制质量的影响。钢中碳、氧、硫、磷含量高时，非金属夹杂物及焊接裂纹都会使冲击韧性降低。轧制质量与温度（热轧和冷轧）、取样方向（纵向和横向）、试件尺寸（厚度或直径）均有关，经热轧、纵向取样和尺寸较小的钢件所测得的冲击功较大。

（2）温度对冲击韧性的影响。试验表明，钢材的冲击韧性随温度的降低而下降，其规律是开始下降比较缓慢，当达到一定温度范围时，突然下降很多而呈脆性，这种由韧性状态过渡到脆性状态的性质称为冷脆性，发生冷脆时的温度称为脆性临界温度。它的数值越低，钢材的低温抗冲击韧性越好。所以，在低温（0℃以下）使用的结构，应当选用脆性临界温度较使用温度低的钢材，如碳素结构钢 Q235 的脆性临界温度约为 -20℃。寒冷地区选用钢材，其脆性临界温度应比该地区历史统计最低温度要低。

（3）钢材时效对冲击韧性的影响。随着时间的延长，钢材表现出强度和硬度提高，但其塑性和韧性降低，这种现象称为时效。完成时效变化的过程可达数十年。钢材如经受冷加工变形，或使用中经受振动和反复荷载的影响，时效可迅速发展。

时效作用导致钢材性能改变程度的大小称为时效敏感性。时效敏感性是以时效前后冲击韧性指标的损失值与时效前的冲击韧性指标值之比来表示。时效敏感性越大的钢材，经过时效以后其冲击韧性的降低越显著。为了保证结构的使用安全，用于承受动荷载或低温（负温）下工作的结构不宜选用时效敏感性大、脆性临界温度高的空气转炉钢和沸腾钢，必须按照有关规范要求进行钢材的冲击韧性试验。

3. 耐疲劳性

钢构件若在交变应力（随时间做周期性交替变更的应力）的反复作用下，往往在工作应力远小于抗拉强度时发生骤然断裂，这种现象称为疲劳破坏。钢材抵抗疲劳破坏的能力称为耐疲劳性。疲劳破坏的原因主要是钢材中存在疲劳裂纹源（如构件表面粗糙、有加工损伤或刻痕、构件内部存在夹杂物或焊接裂纹等缺陷），若设计不合理，在构件尺寸变化或钻孔处由于截面急剧改变造成局部过大的应力集中，疲劳裂纹源发展成裂纹，在交变应力作用下裂纹扩展而发生突然的断裂破坏。

当应力作用方式、大小或方向等交替变更时，裂纹两面的材料时而紧压时而张开，形成了断口光滑的疲劳裂纹扩展区。随着裂纹向纵深发展，在疲劳破坏的最后阶段，裂纹尖端由于应力集中而引起剩余截面的脆性断裂，形成断口粗糙的瞬时断裂区。

疲劳破坏的危险应力是疲劳试验中材料在规定周期基数 N_0（交变应力反复作用次数）内不发生断裂所能承受的最大应力，此应力称为疲劳极限或疲劳强度。

测定疲劳极限时，应当根据构件使用条件确定应力循环类型（如拉-拉型、挤-压型等）、应力比值（应力循环中最小应力和最大应力的比值，又称应力特征值）和周期基数。测定钢筋的疲劳极限时，通常采用的是承受大小改变的拉-拉应力循环；应力特征值通常为 0.60～0.80（非预应力筋）和 0.70～0.85（预应力筋）；周期基数一般在 200 万次或 400 万次以上。

钢材耐疲劳强度的大小与其内部组织、成分偏析及各种缺陷有关。同时，钢材表面质量、截面变化和受腐蚀程度等都可以影响其耐疲劳性能。对于承受交变应力作用的钢构件，应根据钢材质量及使用条件合理设计，以保证构件具有足够的安全度及寿命。

3.2.2 建筑钢材的工艺性能

建筑钢材在用于工程结构前，大多数需要进行一定形式的加工。良好的工艺性能是钢制品或构件的质量保证，不仅可以提高成品的质量，而且还可以降低成本。建筑钢材的工艺性能主要包括冷弯性能和焊接性能。

1. 冷弯性能

冷弯性能是指钢材在常温下承受弯曲变形的能力，是建筑钢材的重要工艺性能。在建筑工程中常需要对钢材进行冷弯加工，冷弯试验就是模拟钢材弯曲加工而确定的。

钢材的冷弯性能指标，用试件在常温下所能承受的弯曲程度来表示。弯曲程度是通过试件被弯曲的角度和弯曲圆心直径对试件厚度（或直径）的比值区分的，如图 3.3 所示。

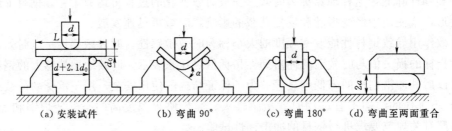

（a）安装试件　　　（b）弯曲 90°　　　（c）弯曲 180°　　　（d）弯曲至两面重合

图 3.3　钢材冷弯试验示意图

冷弯试验是将钢材按规定的弯曲角度、规定的弯曲圆心直径 d 与钢材厚度（或直径）的比值进行的，若弯曲处不发生裂纹、起层或断裂现象即为合格。

2. 焊接性能

钢材的焊接性能也称可焊性，是指钢材在通常的焊接方法和工艺条件下获得良好的焊接接头的性能。在钢筋工程中，常采用焊接方法来连接钢构件、钢接头或钢预埋件等。这种焊接方式，即使钢件在连接处局部加热，使其达到塑性状态或熔融状态，借助本身金属分子的吸附力使两个钢件相连接。在焊接过程中，由于局部加热后迅速升温及冷却，在焊接区域的金属组织变粗变脆，产生硬脆性倾向；焊接区域常有残余应力，甚至导致裂缝；或者氧、硫的低熔点化合物引起热脆等，这些都会降低钢材的焊接质量。

提高构件的焊接质量，首先应选用可焊性好的钢材。钢的可焊性主要受化学成分及含量的影响，当碳含量超过 0.3% 时，可焊性变差。硫的存在会使焊头处产生热裂纹，并且出现硬脆性。硫化亚铁与氧化亚铁反应，生成较低熔点的共晶体，氧化加剧了硫的热脆性，因此，沸腾钢的可焊性差。采用合理的焊接方法（电弧焊或接触对焊）和焊条；正确操作以防止夹入焊渣、气孔、裂纹等；焊前预热及焊后进行退火处理，消除升温及降温过快而产生的内应力（内应力会促使裂纹扩展，导致焊缝变脆），这样可以使接头强度与母体相近。

3.3 建筑钢材的冷加工性能和热处理性能

3.3.1 钢材的冷加工性能

在常温下对钢材进行冷拉、冷拔或冷轧，使其产生塑性变形，从而提高屈服点，但钢材的塑性、韧性及弹性模量降低，这个过程称为冷加工强化处理。产生冷加工强化的原因是钢材在塑性变形中晶格的缺陷增多，而缺陷的晶格严重畸变，对晶格进一步滑移将起到阻碍作用，所以钢材的屈服点可以得到提高。钢材冷加工最常用的方法是冷拉和冷拔。

1. 冷拉

冷拉是将热轧钢筋用冷拉设备施加强力进行张拉，使钢筋按要求进行伸长。经过冷拉后的钢筋，屈服点可提高 17%～27%，长度增加可节约钢材 10%～20%，钢材的极限抗拉强度基本不变，而塑性和韧性有所下降。由于塑性变形中产生的内应力短时间难以消除，所以弹性模量有所降低。

2. 冷拔

冷拔是将光面圆钢筋通过硬质合金拔丝模孔强力进行拉拔，并且通过多次强力拉拔制成直径为 3～5mm 的钢丝。钢筋在冷拔的过程中，不仅受拉伸作用，而且还受到挤压作用，因而冷拔的作用比冷拉作用更加强烈。经过一次或多次冷拔的钢筋，表面光洁度很高，屈服强度提高 40%～60%，但其塑性大大降低，具有硬质钢材的性质。

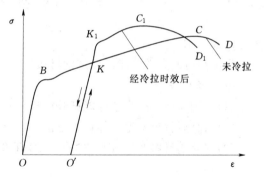

图 3.4 钢筋冷拉时效后应力-应变变化关系

3.3.2 钢筋冷拉时效

经过冷拉后的钢筋，在常温下存放15～20d，或者加热到 100～200℃并保持 20min～2h 的试件，这个过程称为时效处理，前者为自然时效，后者为人工时效。经冷拉以后再经时效处理的钢筋，其屈服点进一步提高，抗拉强度有所增长，塑性和韧性进一步下移。由于时效过程中内应力的削减，故弹性模量可基本恢复到冷拉前的数值。经冷拉时效后钢筋的应力-应变变化关系如图 3.4 所示。

在图 3.4 中，$OBCD$ 为未经冷拉和时效钢材试件的受拉应力-应变曲线。将试件拉至超过屈服点的任意一点 K，然后卸去全部荷载，在卸除荷载的过程中，由于试件已产生塑性变形，故曲线沿 KO' 下降，恢复部分弹性变形，保留的塑性变形为 OO'。如立即重新收拉，钢筋的应力与应变沿 OK 发展，屈服点提高到 K' 点，以后的应力-应变与原来的曲线 KCD 相似。这表明，钢筋经冷拉后，屈服点将提高，如在 K 点卸除荷载后，不立即拉伸，将试件进行自然时效或人工时效，然后再拉伸，则其屈服点升高至 K_1 点，抗拉强度升高至 C_1 点，曲线将沿 $K_1C_1D_1$ 发展，钢材的屈服点和抗拉伸强度都有显著提高，但塑性和韧性则相应降低。

产生冷加工强化的原因在于，当受力达到塑性变形阶段后，晶粒便沿着结合力最差的晶界产生较大滑移，滑移面上晶粒破碎，晶界面增加；同时晶格产生扭曲，晶格缺陷增多，缺陷处的晶格严重畸变而阻碍晶格的进一步滑移，故钢材屈服点提高，塑性和韧性降低。

时效强化的原因在于，溶于铁素体（α-Fe）中的碳、氮、氧原子，有向晶格缺陷处移动、富集，甚至呈碳化物或氧化物洗出的倾向。当钢材在冷加工产生塑性变形以后，或在使用中受到反复振动以后，这些原子的移动、集中（富集）加快，使缺陷处的晶格畸变加剧，受力时晶粒间的滑移阻力进一步增大，因而强度增大。

冷拉的控制方法有单控（只控制冷拉率）和双控（同时控制冷拉应力和冷拉率）两种。一般冷拉率大，强度增长也大。若冷拉率过大，使其韧性降低过多会呈脆性断裂。冷拉及冷拔还兼有调直和除锈作用。

时效处理措施应选择适当。在通常情况下，Ⅰ级钢筋采取自然时效处理，效果较好。对Ⅱ、Ⅲ、Ⅳ级钢筋常用人工时效处理，自然时效的效果不大。

冷拉和时效处理后的钢筋，在冷拉的同时还被调直和除锈，从而简化了施工工序。但对于受动荷载或经常处于低温（负温）条件下工作的钢结构，如桥梁、吊车梁、钢轨等结构用钢，应避免过大的脆性，防止出现突然断裂，应采用时效敏感性小的钢材。

3.4 钢材拉伸试验

1. 试验目的

测定钢材的力学性能，评定钢材质量。

2. 试验依据

(1)《钢及钢产品力学性能试验取样位置和试样制备》（GB/T 2975—1998）。

(2)《金属材料室温拉伸试验方法》（GB/T 228—2002）。

(3)《金属材料弯曲试验方法》（GB/T 232—1999）。

3. 试验环境

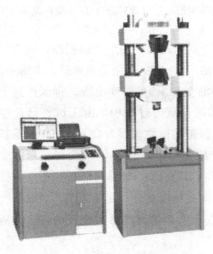

图 3.5 钢筋拉伸试验机

试验一般在 10～35℃的室温范围内进行。对温度要求严格的试验，试验温度应为（23±5）℃。

4. 试验主要仪器设备

(1) 试验机：应按照《拉力试验机的检验》（GB/T 16825—1997）进行检测，并应为Ⅰ级或优于Ⅰ级准确度（图 3.5）。

(2) 引伸计：其准确度应符合《单轴试验用引伸计的标定》（GB/T 12160—2002）的要求。

(3) 试样尺寸的量具：按截面尺寸不同，选用不同精度的量具。

5. 试验条件

(1) 试验速率。除非产品标准另有规定，试验速率取决于材料特性并应符合《金属材料室温拉伸试验方法》（GB/T 228—2002）的规定。

（2）夹持方法。应使用楔形夹头、螺纹夹头、套环夹头等合适的夹具夹持试样。应尽最大努力确保夹持的试样受轴向拉力的作用。

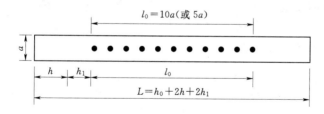

图 3.6　不经机械加工的试样

a—直径；l_0—标距长度；h_1—$(0.5\sim1)a$；h—夹头长度

6. 试验试样

可采用机加工试样或不经机加工的试样（图 3.6）进行试验，钢筋试验一般采用不经机械加工的试样。试样的总长度取决于夹持方法，原则上 $L_t \geqslant 12d$。试样原始标距与原始截面面积有 $L_0 = k \sqrt{S_0}$ 关系者称为比例试样。国际上使用的比例系数 k 的值为 5.65（即 $L_0 = 5.65 \sqrt{S_0} = 5 \sqrt{\dfrac{4S_0}{\pi}} = 5d$）。原始标距应不小于 15mm。当试样横截面积人小，以至采用比例系数 k 为 5.65 的值不能符合这一最小标距要求时，可以采用较高的值（优先采用 11.3 的值）或采用非比例试样。非比例试样的原始标距 L_0 与其原始横截面面积 S_0 无关。

7. 试验步骤

（1）试样原始横截面面积 S_0 的测定。

测量时建议按照表 3.1 选用量具和测量装置。应根据测量的试样原始尺寸计算原始横截面面积，并至少保留 4 位有效数字。

表 3.1　　　　　　　量具或测量装置的分辨力　　　　　　单位：mm

试样横截面尺寸	分辨力不大于	试样横截面尺寸	分辨力不大于
0.1~0.5	0.001	>2.0~10.0	0.01
>0.5~2.0	0.005	>10.0	0.05

1）对于圆形横截面试样，应在标距的两端及中间 3 处两个相互垂直的方向测量直径，取其算术平均值，取用 3 处测得的最小横截面面积，按式（3.3）计算，即

$$S_0 = \frac{1}{4} \pi d^2 \tag{3.3}$$

式中　S_0——试样的横截面面积，mm^2；

　　　d——试样的横截面直径，mm。

2）对于恒定横截面试样，可以根据测量的试样长度、试样质量和材料密度确定其原始横截面面积。试样长度的测量应准确到 $\pm 0.5\%$，试样质量的测定应准确到 $\pm 0.5\%$，密度应至少取 3 位有效数字。原始横截面面积按式（3.4）计算，即

$$S_0 = \frac{m}{\rho L_t} \times 1000 \qquad\qquad (3.4)$$

式中　S_0——试样的横截面面积，mm^2；

　　　m——试样的质量，g；

　　　ρ——试样的密度，g/cm^3；

　　　L_t——试样的总长度，mm。

（2）试样原始标距 L_0 的标记。

对于 $d \geqslant 3mm$ 的钢筋，属于比例试样，其标距 $L_0 = 5d$。对于比例试样，应将原始标距的计算值修约至最接近 5mm 的倍数，中间数值向较大一方修约。原始标距的标记应准确到 $\pm 1\%$。

试样原始标距应用小标记、细画线或细墨线标记，但不得用引起过早断裂的缺口作标记；也可以标记一系列套叠的原始标距；还可以在试样表面画一条平行于试样纵轴的线，并在此线上标记原始标距。

（3）上屈服强度 R_{eH} 和下屈服强度 R_{eL} 的测定。

1）图解方法。试验时记录力-延伸曲线或力-位移曲线。从曲线图读取力首次下降前的最大力和不记初始瞬时效应时屈服阶段中的最小力或屈服平台的恒定力，将其分别除以试样原始横截面面积 S_0 得到上屈服强度和下屈服强度。仲裁试验采用图解方法。

2）指针方法。试验时，读取测力度盘指针首次回转前指示的最大力和不记初始效应时屈服阶段中指示的最小力或首次停止转动指示的恒定力。将其分别除以试样原始横截面面积 S_0 得到上屈服强度和下屈服强度。

可以使用自动装置（如微处理机等）或自动测试系统测定上屈服强度和下屈服强度，可以不绘制拉伸曲线图。

（4）断后伸长率 A 和断后总伸长率 A_t 的测定。

1）为了测定断后伸长率，应将试样断裂的部分仔细配接在一起，使其轴线处于同一直线上，并采取特别措施确保试样断裂部分适当接触后测量试样断后标距。这对于小横截面试样和低伸长率试样尤为重要。应使用分辨力优于 0.1mm 的量具或测量装置测定断后标距 L_u，准确到 $\pm 0.25mm$。

原则上，只有断裂处与最接近的标距标记的距离不小于原始标距的 1/3 情况方为有效。但断后伸长率不小于规定值，不管断裂位置处于何处，测量均为有效。

断后伸长率按式（3.5）计算，即

$$\delta = \frac{L_u - L_0}{L_0} \times 100\% \qquad\qquad (3.5)$$

2）移位法测定断后伸长率。当试样断裂处与最接近的标距标记的距离小于原始标距的 1/3 时，可以使用以下方法：

试样前，原始标距 L_0 细分为 N 等分。试验后，以符号 X 表示断裂后试样短段的标距标记，以符号 Y 表示断裂试样长段的等分标记，此标记与断裂处的距离最接近于断裂处至标记 X 的距离。

如 X 与 Y 之间的分格数为 n，按下述方法测定断后伸长率。

a. 如 $N-n$ 为偶数，如图 3.7（a）所示，测量 X 与 Y 之间的距离和测量从 Y 至距离为 $\frac{1}{2}(N-n)$ 个分格的 Z 标记之间的距离。按照式（3.6）计算断后伸长率，即

$$\delta=\frac{XY+2YZ-L_0}{L_0}\times100\%\qquad(3.6)$$

b. 如 $N-n$ 为奇数，如图 3.7（b）所示，测量 X 与 Y 之间的距离，再测量从 Y 至距离分别为 $\frac{1}{2}(N-n-1)$ 和 $\frac{1}{2}(N-n+1)$ 个分格的 Z' 和 Z'' 标记之间的距离。按照式（3.7）计算断后伸长率，即

$$\delta=\frac{XY+YZ'+YZ''-L_0}{L_0}\times100\%\qquad(3.7)$$

3）能用引伸计测定断裂延伸的试验机，引伸计标距 L_e 应等于试样原始标距 L_0，无需标出试样原始标距的标记。以断裂时的总延伸作为伸长测量时，为了得到断后伸长率，应从总延伸中扣除弹性延伸部分。

原则上，断裂发生在引伸计标距以内方为有效，但当断后伸长率不小于规定值时，不管断裂位置位于何处，测量均为有效。

4）按照 3）测定的断裂总延伸除以试样原始标距得到断裂总伸长率。

（5）抗拉强度 R_m 的检测。

对于呈现明显屈服（不连续屈服）

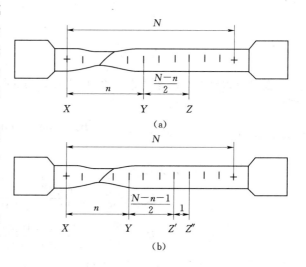

图 3.7 移位方法的图示说明

现象的金属材料，从记录的力-延伸曲线或力-位移曲线图，或从测力度盘，读取过了屈服阶段之后的最大力；对于呈现无明显屈服（连续屈服）现象的金属材料，从记录的力-延伸曲线或力-位移曲线图，或从测力度盘，读取试验过程中的最大力 F_m。最大力 F_m 除以试样原始横截面面积 S_0 得到抗拉强度，见式（3.8），即

$$R_m=\frac{F_m}{S_0}\qquad(3.8)$$

8. 试验结果评定

（1）屈服点、抗拉强度、伸长率均应符合相应标准中规定的指标。

（2）做拉力检测的两根试件中，如有一根试件的屈服点、抗拉强度、伸长率 3 个指标中有一个指标不符合标准，即为拉力试验不合格，应取双倍试件重新测定；在第二次拉力试验中，如仍有一个指标不符合规定，不论这个指标在第一次试验中是否合格，拉力试验项目均定为不合格，表示该批钢筋为不合格品。

（3）检测出现下列情况之一时其试验结果无效，应重做同样数量试样的试验：

1）试样断裂在标距外或断在机械刻画的标距标记上，而且断后伸长率小于规定最

小值。

  2）试验期间设备发生故障，影响了试验结果。

  3）操作不当，影响试验结果。

  （4）试验后试样出现两个或两个以上的颈缩及显示出肉眼可见的冶金缺陷（如分层、气泡、夹渣、缩孔等），应在试验记录和报告中注明。

  【例3.1】 某工程从一批直径25mm的HRB335热轧钢筋中抽样，并截取两根钢筋进行拉伸试验，测得的结果如下：屈服下限荷载分别为171.0kN和172.8kN；抗拉极限荷载分别为260.0kN和262.0kN；原始标准距离为125mm，拉断后长度为147.5mm和149.0mm。试根据试验结果检查该批钢筋的拉伸性能是否合格？

  解 （1）钢筋试样屈服强度为

$$R_{eL1} = \frac{F_{eL1}}{S_0} = \frac{171.0 \times 1000}{3.14 \times (25/2)^2} = 348.5 (\text{N/mm}^2)$$

$$R_{eL2} = \frac{F_{eL2}}{S_0} = \frac{172.8 \times 1000}{3.14 \times (25/2)^2} = 352.2 (\text{N/mm}^2)$$

  根据修约规则，计算结果在200～1000N/mm^{2}时，修约的间隔为5N/mm^2，则修约后有

$$R_{eL1} = 350\text{N/mm}^2$$
$$R_{eL2} = 350\text{N/mm}^2$$

  （2）钢筋试样抗拉强度为

$$R_{m1} = \frac{F_{m1}}{S_0} = \frac{260.0 \times 1000}{3.14 \times (25/2)^2} = 529.9 (\text{N/mm}^2)$$

$$R_{m2} = \frac{F_{m2}}{S_0} = \frac{262.0 \times 1000}{3.14 \times (25/2)^2} = 534.0 (\text{N/mm}^2)$$

  根据修约规则，计算结果在200～1000N/mm^{2}时，修约的间隔为5N/mm^2，则修约后有

$$R_{eL1} = 530\text{N/mm}^2$$
$$R_{eL2} = 535\text{N/mm}^2$$

  （3）钢筋试样伸长率为

$$A_1 = \frac{L_{u1} - L_0}{L_0} \times 100\% = \frac{147.5 - 125}{125} \times 100\% = 18.0\%$$

$$A_2 = \frac{L_{u2} - L_0}{L_0} \times 100\% = \frac{149.0 - 125}{125} \times 100\% = 19.2\%$$

3.5 钢材弯曲试验

  1. 试验目的
  测定钢材的弯曲工艺性能，评定钢材的质量。

  2. 试验设备
  应在配备下列弯曲装置之一的试验机或压力机上完成试验：

（1）支辊式弯曲装置（图3.8）。支辊长度应大于试样宽度或直径。支辊半径应为1～10倍试样厚度。支辊应具有足够的硬度。除非另有规定，支辊间距离应按式（3.9）确定，即

$$l=d+3a\pm0.5a \qquad (3.9)$$

此距离在试验期间应保持不变。弯曲压头直径应在相关产品标准中规定。弯曲压头宽度应大于试样宽度或直径。弯曲压头应具有足够的硬度。

（2）V形模具式弯曲装置。

（3）虎钳式弯曲装置。

（4）翻板式弯曲装置。

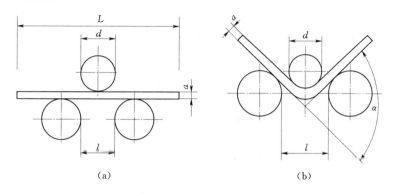

图3.8 支辊式弯曲装置

3. 试验试样

钢筋试样应按照《钢及钢产品力学性能试验》（GB/T 2975—1998）的要求取样。试样表面不得有划痕和损伤。试样长度应根据试样厚度和所使用的试验设备确定。采用支辊式弯曲装置和翻板式弯曲装置时，试样长度可以按照式（3.10）确定，即

$$L=0.5\pi(d+a)+140 \qquad (3.10)$$

式中　π——圆周率，其值取3.1。

4. 试验方法

由相关产品标准确定，采用下列方法之一完成试验：

（1）试样在上述装置所给定的条件和在力作用下弯曲至规定的弯曲角度。

（2）试样在力作用下弯曲至两臂相距规定距离且相互平行。

（3）试样在力作用下弯曲至两臂直接接触。

试样弯曲至规定弯曲角度的试验，应将试样放于两支辊或V形模具或两水平翻板上，试样轴线应与弯曲压头轴线垂直，弯曲压头在两支座之间的中点处对试样连续施加力使其弯曲，直至达到规定的弯曲角度。

试样弯曲至180°角两臂相距规定距离且相互平行的试验，采用支辊式弯曲装置的试验方法时，首先对试样进行初步弯曲（弯曲角度尽可能大），然后将试样置于两平行压板之间连续施加压力，使其两端进一步弯曲，直至两臂平行。采用翻板式弯曲装置的方法时，在力作用下不改变力的方向，弯曲直至180°角。

5. 试验结果评定

（1）应按照相关产品标准的要求评定弯曲试验结果。若未规定具体要求，弯曲试验后试样弯曲外表面无肉眼可见裂纹应评定为合格。

（2）相关产品标准规定的弯曲角度作为最小值，规定的弯曲半径作为最大值。

（3）做冷弯试验的两根试件中，若有一根试件不合格，可取双倍数量试件重新做冷弯试验；第二次冷弯试验中，若仍有一根不合格，即判定该批钢筋为不合格品。

3.6　钢材冲击韧性试验

1. 试验目的

掌握冲击试验机的结构及工作原理；掌握测定试样冲击性能的方法。

2. 试验内容

测定低碳钢和铸铁两种材料的冲击韧度，观察破坏情况，并进行比较。

3. 试验设备

设备包括冲击试验机（图 3.9）和游标卡尺（图 3.10）。

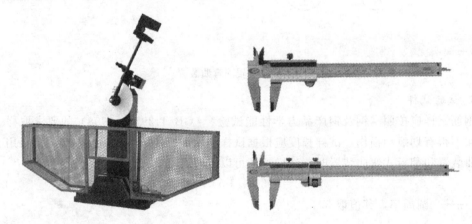

图 3.9　摆锤式冲击试验机　　　　图 3.10　游标卡尺

4. 试样的制备

若冲击试样的类型和尺寸不同，测得出的试验结果不能直接比较和换算。本次试验采用 U 形缺口冲击试样。其尺寸及偏差应根据《金属夏比缺口冲击试验方法》（GB/T 229—1994）规定。加工缺口试样时，应严格控制其形状、尺寸精度及表面粗糙度。试样缺口底部应光滑、无与缺口轴线平行的明显划痕。如图 3.11 所示。

5. 试样步骤

（1）测量试样的几何尺寸及缺口处的横截面尺寸。

（2）根据估计材料冲击韧性来选择试验机的摆锤和表盘。

（3）安装试样。

（4）进行试验，将摆锤举起到高度为 H 处并锁住，然后释放摆锤，冲断试样后，待摆锤扬起到最大高度，再回落时，立即刹车，使摆锤停住。

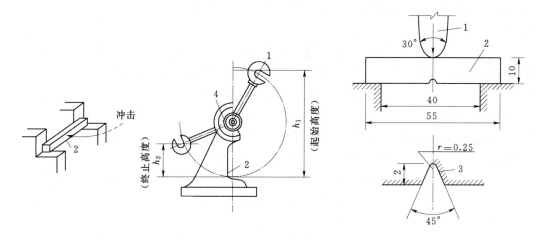

图 3.11　冲击韧性试验及试件缺口形式

1—摆锤；2—试件；3—V 形缺口；4—刻度盘

（5）记录表盘上所示的冲击功 A_{KU} 值，取下试样，观察断口。试验完毕，将试验机复原。

（6）冲击试验要特别注意人身安全。

6.试验结果处理

（1）计算冲击韧性值 α_{KU}。

$$\alpha_{KU}=\frac{A_{KU}}{S_0}\quad(J/cm^2)\qquad(3.11)$$

式中　A_{KU}——U 形缺口试样的冲击吸收功，J；

　　　　S_0——试样缺口处断面面积，cm^2；

　　　　α_{KU}——冲击韧性值，反映材料抵抗冲击荷载的综合性能指标，它随着试样的绝对尺寸、缺口形状、试验温度等的变化而不同。

（2）比较分析两种材料的抵抗冲击时所吸收的功，观察破坏断口形貌特征。

3.7　钢筋的施工工艺

3.7.1　钢筋的检查验收

（1）CRB650 级及以上级别的预应力钢筋应成盘供应，成盘供应的钢筋每盘应由一根组成，且不得有焊接接头。

CRB550 级钢筋宜定尺直条成捆供应，也可成盘供应；成捆供应的钢筋长度，可根据工程需要确定。

（2）对进厂（场）的冷轧带肋钢筋应按钢号、级别、规格分别堆放和使用，并应有明显的标志，且不宜长时间在室外储存。

进厂（场）的冷轧带肋钢筋应按下列规定进行检查验收：

1）钢筋应成批验收。每批应由同一厂家、同一规格、同一原材料来源、同一生产工艺轧制的钢筋组成，每批不大于 60t。每批钢筋应有出厂质量合格证明书，每盘或捆均应有标牌。

2）每批抽取 5%（但不少于 5 盘或 5 捆）进行外形尺寸、表面质量和重量偏差的检查。检查结果应符合《冷轧带肋钢筋混凝土结构技术规程》附录 B 中表 B.0.1 的要求；当其中一盘或一捆不合格，则应对该批钢筋逐盘或逐捆检查。

3）强度级别 650 级及以上级别的钢筋的抗拉强度和伸长率应逐盘进行检验，从每盘任一端截去 500mm 后取一个试样，做拉伸试验。当检查结果有一项指标不符合《冷轧带肋钢筋混凝土结构技术规程》附录 B 中表 B.0.2 的规定时，则判该盘钢筋不合格。反复弯曲性能按批抽样检查，每批抽取两个试样，检验结果如有一个试样不符合《冷轧带肋钢筋混凝土结构技术规程》附录 B 中表 B.0.2 的规定，应逐盘进行检验。检验结果如有试样不符合规定，则判该盘钢筋不合格。

4）成捆供应的 550 级钢筋的力学性能和工艺性能应按批抽样检验。符合本条第 1 款规定的钢筋以不大于 10t 为一批，从每批钢筋中随机抽取两个试样，一根做拉伸试验，一根做弯曲试验。当检查结果有一项不符合《冷轧带肋钢筋混凝土结构技术规程》附录 B 中表 B.0.2 的规定时，应从该批钢筋中取双倍数量的试样进行复检；复检仍有一个试样不合格，则应判该批钢筋不合格。

3.7.2 钢筋的加工

（1）经调直机调直的钢筋，表面不得有明显擦伤；钢筋调直后不应有局部弯曲，直条钢筋每米长度的弯曲度不应大于 4mm，总弯曲度应不大于钢筋总长的 4‰。

（2）冷轧带肋钢筋末端可不制作弯钩。当钢筋末端需制作 90°或 135°弯折时，钢筋的弯弧内直径不应小于钢筋直径的 5 倍。

（3）用冷轧带肋钢筋制作的箍筋，其末端弯钩的弯弧内直径除应满足 3.7.2 钢筋的加工第（2）条的规定外，尚应不小于受力钢筋的直径。

（4）钢筋加工的形状、尺寸应符合设计要求。钢筋加工的允许偏差应符合表 3.2 的规定。

表 3.2　　　　　　　　　　　钢筋加工的允许偏差

项　　目	允许偏差/mm
受力钢筋顺长度方向全长的净尺寸	±10
弯起钢筋的弯折位置	±20
箍筋内净尺寸	±5

3.7.3 钢筋骨架的制作与安装

（1）钢筋的绑扎应符合下列规定：

1）钢筋交叉点的绑扎应采用钢丝。

2）板和墙的钢筋网，除靠近外围两行钢筋的相交点应全部扎牢，中间部分的相交点可间隔交错扎牢，但必须保证受力钢筋不移位。

（2）绑扎网和绑扎骨架外形尺寸的允许偏差应符合表 3.3 的规定。

（3）对于同一搭接区段的 CRB550 级钢筋，当搭接接头面积百分率不超过 25％时，纵向受拉钢筋绑扎接头的搭接长度不应小于表 3.4 规定的数值。

表 3.3　　绑扎网和绑扎骨架的允许偏差

项目	允许偏差/mm	项目		允许偏差/mm
网的长、宽	±10	箍筋间距		±20
网眼尺寸	±20	受力钢筋	间距	±10
骨架的宽及高	±5		排距	±5
骨架的长	±10			

表 3.4　　纵向受拉钢筋绑扎接头的最小搭接长度

钢筋级别	混凝土强度等级				
	C20	C25	C30	C35	≥C40
CRB550	$50d$	$45d$	$40d$	$35d$	$30d$

注　1. d 为钢筋直径（mm）。
　　2. 两根直径不同的钢筋的搭接长度，以较细的钢筋的直径计算。
　　3. 两根并筋的搭接长度应按表中数值乘以 1.4 后取用。
　　4. 在任何情况下，纵向受拉钢筋的搭接长度不应小于 250mm。
　　5. 纵向受拉钢筋绑扎搭接接头的相关要求，尚应符合现行国家标准《混凝土结构设计规范》（GB 50010）的规定。

（4）冷轧带肋钢筋的连接严禁采用焊接接头。

3.7.4　预应力钢筋的张拉工艺

（1）施加预应力用的各种机具设备及仪表应由专人使用，定期维护和校验。

用于长线生产的张拉机，其测力误差不得超过 3％。每隔 3 个月校验一次，校验设备的精度不得低于 2 级。

用于短线生产的油泵上配套的压力表的精度不得低于 1.5 级。千斤顶和油泵的校验期限不宜超过半年。

（2）长线台座上锚固预应力筋用的锚夹具应有良好的锚固性能及放松性能，在锚定时钢筋的滑移值不应超过 5mm，当超过此值时应重新进行张拉。

（3）长线生产所用的预应力钢筋需要接长时，应采用绑扎接头。绑扎宜采用钢筋绑扎器，用 20～22 号钢丝密排绑扎。绑扎长度对 650 级钢筋不应小于 40d（d 为钢筋直径），对 800 级钢筋不应小于 50d，对 970 级钢筋不应小于 60d，对 1170 级钢筋不应小于 70d。钢筋搭接长度应比绑扎长度大 10d。预应力钢筋的绑扎接头不应进入混凝土构件内。

（4）当采用镦头锚定时，钢筋镦头的直径不应小于钢筋直径的 1.5 倍，头部不歪斜、无裂纹，其抗拉强度不得低于钢筋强度标准值的 90％。

（5）冷轧带肋钢筋一般采用一次张拉，张拉值应按设计规定取用。当施工中产生设计为考虑的预应力损失时，施工张拉值可根据具体情况适当提高，但提高数值不宜超过 $0.05\sigma_{con}$。

（6）短线生产时，钢筋镦头后的有效长度级差在一个构件中不得大于 2mm。

（7）钢筋的预应力值应按下列规程进行抽检：

1）长线法张拉每一工作班应按构件条数量的10％抽检，且不得少于一条；短线法张拉每一工作班应按构件数量的1％抽检，且不得少于一件。

2）检测应在张拉完毕后1h进行。

（8）钢筋预应力值检测结果应符合下列规定：

1）在一个构件中全部钢筋的预应力平均值与检测时的规定值偏差不应超过$\pm 0.05\sigma_{con}$。

2）检测时的预应力规定值应在设计图纸中注明，当设计无规定时，可按表3.5取用。

（9）放松预应力钢筋时，混凝土立方体抗压强度应符合设计规定，如设计无要求时，不宜低于设计的混凝土立方体抗压强度标准值的75％。

表3.5 钢筋预应力值检测时的规定值

张 拉 方 法		检测时的规定值
长线张拉		$0.94\sigma_{con}$
短线张拉	钢筋长度为6m时	$0.93\sigma_{con}$
	钢筋长度为4m时	$0.91\sigma_{con}$

3.7.5 钢筋焊接性能检测

焊接是钢结构制作、钢构件连接和钢筋连接不可缺少的工序，不仅关系到结构和构件的施工质量，而且关系到结构的安全性和耐久性。钢筋焊接的优点是构造简单，制造方便，易于自动化操作，不削弱构件的截面，节省材料，相对比较经济；缺点是焊接后易产生焊接应力和焊接变形，从而会影响结构或构件的工程质量。

建筑工程中常用的焊接连接方式有闪光对焊、电弧焊、电渣压力焊、气压焊等，具体检测试验项目如表3.6所示。钢筋焊接接头检验批组成及取样数量要求见表3.7，最小取样长度见表3.8。

表3.6 常用钢筋焊接连接方法的检测试验项目

连接方法	常见使用部位	检测项目	取样数量	适用范围	
				钢筋牌号	钢筋直径/mm
闪光对焊	柱	拉伸冷弯	3	HPB235	8～20
				HRB335	6～40
				HRB400	6～40
				RRB400	10～32
				HRB500	10～40
				Q235	6～14
双面帮条焊	梁	拉伸	3	HPB235	10～20
				HRB335	10～40
				HRB400	10～40
				RRB400	10～25

连接方法	常见使用部位	检测项目	取样数量	适用范围	
				钢筋牌号	钢筋直径/mm
单面帮条焊	梁	拉伸	3	HPB235	10～20
				HRB335	10～40
				HRB400	10～40
				RRB400	10～25
双面搭接焊	梁	拉伸	3	HPB235	10～20
				HRB335	10～40
				HRB400	10～40
				RRB400	10～25
单面搭接焊	梁	拉伸	3	HPB235	10～20
				HRB335	10～40
				HRB400	10～40
				RRB400	10～25
电渣压力焊	柱	拉伸	3	HPB235	14～20
				HRB335	14～32
				HRB400	14～32
气压焊	柱	拉伸冷弯	3	HPB235	14～20
				HRB335	14～40
				HRB400	14～40

表 3.7   **钢筋焊接接头检验批组成及取样数量要求**

焊接接头形式	检验批组成	拉伸试验取样数量	弯曲试验取样数量
闪光对焊接头	在同一台班内，由同一焊工完成的300个同牌号、同直径钢筋焊接接头应作为一批。当同一台班内焊接的接头数较少，可在一周之内累计计算，累计仍不足300个接头时，应按一批计算	每批钢筋焊接接头中随机切取3个接头	每批钢筋焊接接头中随机切取3个做弯曲试验
电弧焊接头 电渣压力焊接头	在现浇混凝土结构中，以300个同牌号、同形式接头作为一批；在房屋结构中，应以不超过二楼层中300个同牌号、同形式接头作为一批，不足时仍按一批计算	每批钢筋焊接接头中随机切取3个接头	不做弯曲试验
气压焊接头		在墙柱竖起钢筋、梁板水平钢筋中随机切取3个接头	在梁板水平钢筋中随机切取3个接头
预埋件钢筋T形接头	以300件同类型预埋件作为一批。一周内连续焊接时，可累计计算。不足300件时仍按一批计算	每批钢筋焊接接头中随机切取3个接头	不做弯曲试验

表 3.8　　　　　　　　　　　　　　　　**钢筋焊接接头取样最小长度**

试验种类	接头形式	试件最小长度	焊缝长度取值、弯曲圆心直径取值
拉伸试验	电弧焊、双面搭接焊、双面帮条焊	$8a+L_h+240$	当钢筋直径为 a 时，焊缝长度 L_h 取值：对于热轧光圆钢筋单面焊不小于 $8a$，双面焊不小于 $4a$；对于热轧带肋钢筋单面焊不小于 $10a$，双面焊不小于 $5a$
	单面搭接焊、单面帮条焊	$5a+L_h+240$	
	闪光对焊、电渣压力焊、气压焊	$8a+240$	
弯曲试验	闪光对焊、气压焊	$L=d+2.5a+150$	弯曲圆心直径 d 取值：对于 HPB235 和 HPB300 取 $2a$，HRB335 取 $4a$；HRB400 取 $5a$；HRB500 取 $7a$。当直径大于 25mm 时弯曲圆心直径增加 $1a$。弯曲角度均为 $90°$

第4章 水 泥 试 验

4.1 概 述

水泥（cement），粉状水硬性无机胶凝材料。加水搅拌后呈浆体，能在空气中硬化或者在水中更好地硬化，并能把砂、石等材料牢固地胶结在一起。cement 一词由拉丁文 caementum 发展而来，是碎石及片石的意思。早期石灰与火山灰的混合物与现代的石灰火山灰水泥很相似，用它胶结碎石制成的混凝土，硬化后不但强度较高，而且还能抵抗淡水或含盐水的侵蚀。长期以来，它作为一种重要的胶凝材料，广泛应用于土木建筑、水利、国防等工程。

本试验主要包括水泥细度检验，水泥标准稠度用水量和凝结时间试验，水泥安定性试验，水泥胶砂强度试验。

4.2 水泥细度检验

1. 试验目的

通过 $80\mu m$ 或 $45\mu m$ 筛析法测定筛余量，测定水泥细度是否达到标准要求，若不符合标准要求，该水泥视为不合格。细度试验方法有负压筛法、水筛法和干筛法 3 种。当 3 种测试结果发生争议时，以负压筛法为准。

2. 检测依据

按《水泥细度检验方法》（GB 1345—2005）进行。

本标准规定本试验依据了 $45\mu m$ 方孔标准筛和 $80\mu m$ 方孔标准筛的水泥细度筛析试验方法。

本标准适用于硅酸盐水泥、普通硅酸盐水泥、矿渣硅酸盐水泥、火山灰质硅酸盐水泥、粉煤灰硅酸盐水泥、复合硅酸盐水泥以及指定采用本标准的其他品种水泥和粉状物料。

3. 主要试验仪器

（1）试验筛。由圆形筛框和筛底组成，如图 4.1 所示。

（2）负压筛析仪。负压筛析仪由筛底、负压筛负压源及收尘器组成，其中筛底由转速（30±2）r/min 的喷气嘴、负压表、

图 4.1 试验筛

控制板、微电机及壳体等部分组成。筛析仪负压可调范围为 4000～6000Pa，如图 4.2 所示。

图 4.2　负压筛析仪　　　　　　　　　　图 4.3　天平

（3）天平。量程为 100g，感量不大于 0.01g，如图 4.3 所示。

4. 水泥取样

现场水泥库、散装水泥在散装容器或输送设备中取样按同品种、同强度等级、同编号的水泥为一取样单位。取样应有代表性，可连续取，也可以从 20 个以上不同部位等量取样，总量至少为 12kg。

5. 试验条件

温度为 (20±2)℃，相对湿度大于 50%。水泥试样、拌和水、仪器用具的温度应与试验室一致。

6. 试验步骤

（1）负压筛法。

1）试验时所用试验筛应保持清洁，负压筛应保持干燥。

2）筛析试验前，应把负压筛放在筛座上，盖上筛盖，接通电源，检查控制系统，调整负压至 4000～6000Pa 范围内。

3）称取试样 25g（80μm 筛）或试样 10g（45μm 筛），置于洁净的负压筛中，盖上筛盖，放在筛座上，开动筛析仪连续筛析 2min。在此期间如有试样附着在筛盖上，可轻轻敲击，使试样落下。筛毕，用天平称量全部筛余物。

4）当工作负压小于 4000Pa 时，应清理吸尘器内水泥，使负压恢复正常。

（2）水筛法。

1）筛析试验前，应检查水中无泥、砂，调整好水压及水筛架的位置，使其能正常运转。

2）喷头底面和筛网之间距离为35～75mm。称取试样50g，置于洁净的水筛中，立即用淡水冲洗至大部分细粉通过后，放在水筛架上，用水压为（0.05±0.02)MPa的喷头连续冲洗3min。筛毕，用少量水把筛余物冲至蒸发皿中。

3）等水泥颗粒全部沉淀后，小心倒出清水，烘干并用天平称量筛余物。

4）试验筛必须经常保持洁净，筛孔通畅。如其筛孔被水泥堵塞影响筛余量时，可用弱酸浸泡，用毛刷轻轻地刷洗，用淡水冲净、晾干。

7. 结果处理

$$F = \frac{R_s}{W} \times 100\%$$ （4.1）

式中　F——水泥试样的筛余百分数，%；

R_s——水泥筛余物的质量，g；

W——水泥试样的质量，g。

计算结果精确至0.1%。

8. 操作要点

（1）水泥试样应充分拌匀，通过0.9mm方孔筛并记录筛余物情况，但要防止过筛时混进其他水泥。

（2）试验用水。必须是洁净的淡水，如有争议也可用蒸馏水。

（3）每个样品应称取两个试样分别筛析，取筛余平均值作为筛析结果。若两次筛余结果绝对误差大于0.5%时，应再做一次试验，取两次相近结果的平均值作为最终结果。

（4）当采用80μm筛时，水泥筛余百分数$F \leqslant 10\%$为细度合格；当采用45μm筛时，水泥筛余百分数$F \leqslant 30\%$为细度合格。

4.3　水泥标准稠度用水量测定

1. 试验目的

（1）熟悉并掌握各种测试仪器的构造和使用方法。

（2）掌握水泥标准稠度用水量、凝结时间、安定性测定方法和影响因素的关系。

2. 实验原理

（1）水泥标准稠度净浆对标准试杆的沉入具有一定阻力。通过试验不同含水量水泥浆的穿透性，以确定水泥标准稠度用水量。

（2）凝结时间以试针沉入水泥标准稠度净浆至一定深度所需的时间表示。

3. 检测依据

按《水泥标准稠度用水量、凝结时间、安定性检验方法》（GB/T 1346—2001）进行。

4. 主要试验仪器

其包括标准维卡仪（图 4.4）、水泥净浆搅拌机（图 4.5）、沸煮箱（图 4.6）、天平、铲子、小刀及量筒等。

图 4.4　标准维卡仪及试针

图 4.5　水泥净浆搅拌机及试模

5. 试件制备

（1）试样及用水。

1）水泥试样应充分拌匀，通过 0.9mm 方孔筛并记录筛余物情况，但要防止过筛时混进其他水泥。

2）试验用水必须是洁净的淡水，如有争议时可用蒸馏水。

（2）仪器设备的检查。

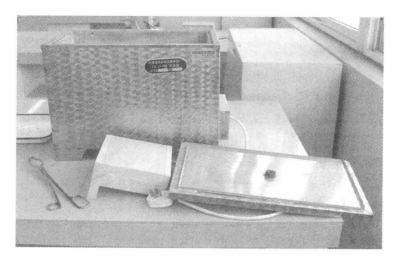

图 4.6　沸煮箱

1）维卡仪的金属滑杆能自由滑动，将试锥旋转接在金属滑杆下部，调整滑杆式锥尖接触锥模顶面使指针对准零点。

2）搅拌机运转正常。

（3）水泥净浆拌制。

用水泥净浆搅拌机搅拌，搅拌锅和搅拌叶片先用湿布擦过，将拌和水倒入搅拌锅中，然后在 5～10s 内小心将称好的 500g 水泥加入水中，防止水和水泥溅出；拌和时，先将锅放在搅拌机的锅座上，升至搅拌机，低速搅拌 120s，停 15s，同时将叶片和锅壁上的水泥浆刮入锅中间，接着高速搅拌 120s 停机。

6. 试验条件

（1）实验室的温度为 20℃±2℃，相对湿度大于 50%。

（2）水泥试样、拌和水、仪器和用具的湿度应与实验室内室温保持一致。

7. 水泥标准稠度试验步骤

（1）拌和结束后，立即将拌制好的水泥净浆装入已放在玻璃板上的试模中，用小刀插捣，轻轻振动数次，刮去多余的净浆。

（2）抹平后迅速将试模和底板移到维卡仪上，并将其中心定在试杆上，降低试杆直到与水泥净浆表面接触，拧紧螺钉 1～2s 后，突然放松，使试杆垂直自由地沉入水泥净浆中。在试杆停止沉入或释放试杆 30s 时记录试杆到底板的距离，升起试杆后，立即擦净。

（3）整个操作应在搅拌后 1.5min 内完成。以试杆沉入净浆并距底板 6mm±1mm 的水泥净浆为标准稠度净浆。其拌和水量为该水泥的标准稠度用水量，按水泥质量的百分比计。

（4）当试杆距底板小于 5mm 时，应适当减水，重复水泥浆的拌制和上述过程；若距离大于 7mm 时，则应适当加水，并重复水泥浆的拌制和上述过程。

8. 水泥标准稠度试验结果处理

用标准法和调整水量法测定时，水泥的标准稠度用水量 P 以水泥质量的百分数

计，即

$$P = \frac{M_1}{M_2} \times 100\%$$ (4.2)

式中 M_1——水泥净浆达到标准稠度时的拌和用水量；

　　　　M_2——水泥试样质量。

用水变水量法测定时，按式（4.3）计算标准稠度用水量 P，即

$$P = 33.4 - 0.185s$$ (4.3)

式中 P——标准稠度用水量，%；

　　　　s——试锥下沉深度，mm。

9. 水泥标准稠度试验操作要点

（1）整个操作过程应在搅拌后 1.5min 内完成。

（2）用调整水量法，以试锥下沉深度 28mm±2mm 时的净浆为标准稠度净浆。

（3）用不变水量法则规定时，若试锥下沉深度小于 13mm，应改用调整水量法测定。

4.4 水泥凝结时间测定

1. 试件制备

（1）测定前的准备工作。调整凝结时间测定仪的试针接触底板，使指针对准零点。

（2）试件的制备。以标准稠度用水量制成标准稠度净浆一次装满试模，振动数次刮平，立即放入湿气养护箱中。

2. 试验步骤

（1）初凝时间测定。

1）记录水泥全部加入水中到初凝状态的时间作为初凝时间，用"min"计。

2）试件在湿气养护箱中养护至加水后 30min 时进行第一次测定。测定时，从湿气养护箱中取出试模放到试针下，降低试针与水泥净浆表面接触。拧紧螺钉 1~2s 后，突然放松，使试杆垂直自由地沉入水泥净浆中。观察试针停止沉入或释放试针 30s 时的指针读数。

3）临近初凝时，每隔 5min 测定一次。当试针沉至距底板 4mm±1mm 时，为水泥达到初凝状态。

4）达到初凝时应立即重复测一次，当两次结论相同时才能定为达到初凝状态。

（2）终凝时间测定。

1）由水泥全部加入水中至终凝状态的时间作为终凝时间，用"min"计。

2）为了准确观察试件沉入的状况，在终凝针上安装了一个环形附件。在完成初凝时间测定后，立即将试模连同浆体以平移的方式从底板下翻转 180°，直径大端向上、小端向下放在底板上，再放入湿气养护箱中继续养护。

3）临近终凝时间时每隔 15min 测定一次，当试针沉入试件 0.5mm 时，即环形附件开始不能在试件上留下痕迹时，为水泥达到终凝状态。

4）达到终凝时，应立即重复测一次，当两次结论相同时才能定为达到终凝状态。

3. 操作要点

测定时应注意，在最初测定的操作时应轻轻扶持金属柱，使其徐徐下降，以防止试针撞弯，但结果以自由下落为准；在整个测试过程中试针沉入的位置至少要距试模内壁10mm。

每次测定不能让试针落入原针孔，每次测试完毕应将试针擦净并将试模放回湿气养护箱内，整个测试过程要防止试模振动。

4.5 水泥安定性试验

1. 试验目的

（1）了解水泥安定检验方法。

（2）检验水泥安定性。

2. 试验原理

（1）雷氏法（标准法）。这是观测由两个试针的相对位移所指示的水泥标准稠度净浆体积膨胀的程度。

（2）试饼法（代用法）。试观测水泥标准稠度净浆试饼的外形变化程度。

3. 试验依据

按《水泥标准稠度用水量、凝结时间、安定性检验方法》（GB/T 1346—2001）进行。

4. 主要试验仪器

（1）沸煮箱。有效容积约为410mm×240mm×310mm，箅板与加热器之间的距离大于50mm。箱的内层由不易锈蚀的金属材料制成，能在30min±5min内将箱内的试验用水由室温升至沸腾状态并保持3h以上，整个试验过程中不需补充水量。

（2）玻璃板。两块，尺寸约100mm×100mm。

（3）雷氏夹。由铜材制成，一根指针的根部先悬挂在一根金属丝或尼龙丝上，然后，另一根指针的根部挂上300g质量的砝码，此时，两根指针的针间距离增加值应在17.5mm±2.5mm范围内，即$2x=17.5×2.5mm$。当去掉砝码后针尖的距离能恢复至挂砝码前的状态。每个雷氏夹需配两块质量为75～80g的玻璃板，如图4.7所示。

（4）量水器。

（5）天平。

（6）湿气养护箱。

（7）雷氏夹膨胀值测定仪：标尺最小刻度为1mm，如图4.8所示。

5. 试验条件

（1）实验室的温度为20℃±2℃，相对湿度大于50%。

（2）水泥试样、拌和水、仪器和用具的湿度应与实验室内室温保持一致。

6. 试验步骤

（1）雷氏法（标准法）。

1）测定前的准备工作。每个试样需要两个试件，每个雷氏夹需配备质量为75～80g的玻璃板两块。凡与水泥净浆接触的玻璃板和雷氏夹表面都要稍稍涂上一层油。

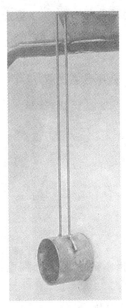

图 4.7 雷氏夹

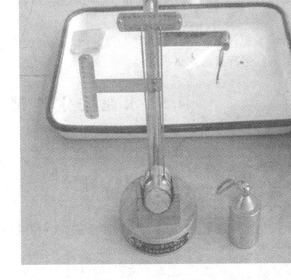

图 4.8 雷氏夹膨胀值测定仪

2）雷氏夹试件的制备方法。将预先准备好的雷氏夹放在已稍擦油的玻璃板上，并立刻将已制好的标准稠度净浆装满雷氏夹。装浆时一只手轻扶持雷氏夹，另一只手用宽约10mm 的小刀插捣数次然后抹平，盖上稍涂油的玻璃板，接着立刻将雷氏夹移至湿气养护箱中养护 24h±2h。

3）沸煮。

a. 调整好沸煮箱内的水位，使之在整个沸煮过程中都能没过试件，不需中途添补试验用水，同时保证在 30min±5min 内水能沸腾。

b. 脱去玻璃板取下试件，先测量雷氏夹指针尖端间的距离 A，精确到 0.5mm，接着将试件放入水中算板上，指针朝上，试件之间互不交叉，然后在 30min±5min 内加热水至沸腾，并恒沸 3h±5min。

4）结果判别。沸煮结束后，即放掉箱中的热水，打开箱盖，待箱体冷却至室温，取出试件进行判别。测量雷氏夹指针尖端间的距离 C，精确到 0.5mm，当两个试件煮后增加距离 $（C-A）$ 的平均值不大于 5.0mm 时，即认为该水泥安定性合格；当两个试件的 $（C-A）$ 的值相差超过 4.0mm 时，应用同一样品立即重做一次试验。再如此，则认为该水泥为安定性不合格。

（2）代用法（试饼法）。

1）测定前的准备工作。每个样品需要两块约 100mm×100mm 的玻璃板。

凡与水泥净浆接触的玻璃板都要稍稍涂上一层隔离剂。

2）试饼的成型方法。将制好的净浆取出一部分分成两等分，使之呈球形，放在预先准备好的玻璃板上，轻轻振动玻璃板并用湿布擦净的小刀由边缘向中央抹动，做成直径为70～80mm、中心厚约 10mm、边缘渐薄、表面光滑的试饼，接着将试饼放入湿气养护箱中养护 24h±2h。

3）沸煮。

a. 调整好沸煮箱内的水位，使之在整个沸煮过程中都能没过试件，不需中途添补试验用水，同时保证在 30min±5min 内水能沸腾。

b. 脱去玻璃板取下试件，先检查试饼是否完整（如已开裂、翘曲，要检查原因，确定无外因时，该试饼已属不合格品，不必沸煮），在试饼无缺陷的情况下将试饼放入水中算板上，然后在 30min±5min 内加热水至沸腾，并恒沸 3h±5min。

4）结果判别。沸煮结束后，即放掉箱中的热水，打开箱盖，待箱体冷却至室温，取出试件进行判别。目测试饼未发现裂缝，用钢直尺检查也没有弯曲（使钢直尺和试饼底部紧靠，以两者间不透光为不弯曲）的试饼的安定性为合格；反之为不合格。当两个试饼判别结果有矛盾时，该水泥的安定性为不合格。

4.6 水泥胶砂强度试验

1. 试验目的

测定水泥的抗折与抗压强度。

2. 检测依据

按《水泥胶砂强度检验方法》（GB/T 1767—1999）进行。

3. 主要试验仪器

（1）行星式胶砂搅拌机（ISO 679），由胶砂搅拌锅和搅拌叶片相应的机构组成，搅拌叶片呈扇形，工作时搅拌叶片既绕自身轴线自转又沿搅拌锅周边公转，并且具有高、低两种速度，自转低速时为 140r/min±5r/min，高速时为 285r/min±10r/min；公转低速时为 62r/min±5r/min，高速时为 125r/min±10r/min。叶片与锅底、锅壁的工作间隙为 3mm±1mm，如图 4.9 所示。

图 4.9　行星式胶砂搅拌机

（2）胶砂试件成型振实台（ISO 679）。由可以跳动的台盘和使其跳动的凸轮等组成，振实台振幅为 15mm±0.3mm，振动频率为 60 次/（60s±2s），如图 4.10 所示。

（3）胶砂振动台。可作为振实台的代用设备，其振幅为 0.75mm±0.02mm，频率为 2800～3000 次/min，台面装有卡具。

（4）试模。可装拆的三联模，模内腔尺寸为 40mm×40mm×160mm，如图 4.11 所示。

（5）下料漏斗。下料口宽为 4～5mm；两个播料器和一个刮平直尺。

（6）水泥电动抗折试验机。加荷速度为 50N/s±10N/s，如图 4.12 所示。

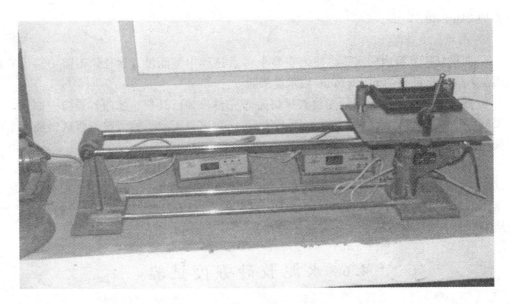

图 4.10 胶砂试件成型振实台

图 4.11 三联模及标准砂   图 4.12 水泥电动抗折试验机

（7）压力试验机与抗压夹具。压力机最大荷载以 200～300kN 为宜，误差不大于 ±1%，并有按（2.4±0.5)kN/s 速率加荷功能，抗压夹具由硬钢制成，加压板受压面积为 40mm×40mm，加压面必须磨平，如图 4.13 所示。

4. 试验条件

（1）试体成型试验室的温度应保持在 20℃±2℃，相对湿度应不低于 50%。

（2）试体带模养护的养护箱或雾室温度保持在 20℃±1℃，相对湿度应不低于 90%。

（3）试体养护池水温度应在 20℃±1℃ 范围内。

（4）养护室空气温度和相对湿度至少每 4h 记录一次，在自动控制的情况下记录次数可以酌减至一天记录两次。

5．试验步骤

（1）试验准备及胶砂试样制作。

1）将试模擦净，模板四周与底座的接触面上应涂黄油，紧密装配，防止漏浆。内壁均匀刷一薄层机油。

2）标准砂应符合《中国 ISO 标准砂的质量要求》（GB/T 17671—1999）。试验采用灰砂比为 1:3，水灰比 0.50。

3）每成型 3 条试件需称量：水泥 450g±2g；ISO 砂 1350g±5g；水 225mL±1mL。

图 4.13 压力试验机与抗压夹具

4）胶砂搅拌。用 ISO 胶砂搅拌机进行，先把水加入锅内，再加入水泥，把锅放在固定器上，上升至固定位置，然后立即开动机器，低速搅拌 30s 后，在第二个 30s 开始的同时均匀地将砂子加入（一般是先粗后细），再高速搅拌 30s 后，停拌 90s，在第一个 15s 内用一胶皮刮具将叶片和锅壁上和胶砂刮入锅中间，在调整下继续搅拌 60s。各个搅拌阶段，时间误差应在±1s 以内。

5）试件用振实台成型时，将空试模和套模固定在振实台上，用勺子直接从搅拌锅内将胶砂分两层装模。装第一层时，每个槽里先放入 300g 胶砂，并用大播料器刮平，接着振动 60 次，再装入第二层胶砂，用小播料器刮平，再振动 60s。移走套模，从振实台上取下试模，用一金属尺近似 90°的角度架在试模模顶的一端，沿试模长度方向以横向锯割动作慢慢向另一端移动，一次将超过试模部分的胶砂刮去，并用同一直尺以近乎水平的情况下将试件表面抹平。

（2）试件养护。

1）将成型好的试件连模放入标准养护箱（室）内养护，在温度为 20℃±1℃，相对湿度不低于 90％的条件下养护 20～24h 之间脱模（对于龄期为 24h 的应在破型试验前 20min 内脱模）。

2）将试件从养护箱（室）中取出，用墨笔编号，编号时应将每只模中 3 条试件编在两龄期内，同时编上成型与测试日期。然后脱模，脱模时应防止损伤试件。硬化较慢的水泥允许 24h 以后脱模，但须记录脱模时间。

3）试件脱模后立即水平或竖直放入水槽中养护，养护水温为 20℃±1℃，水平放置时刮平面应朝上，试件之间留有间隙，水面至少高出试件 5mm，最后用自来水装满水池，并随时加水以保持恒定水位。

（3）水泥抗折强度试验。

1）各龄期的试件，必须在规定的时间，即 24min±15min、48min±30min、72min±45min、7d±2h、28d±8h 内进行强度测试，于试验前 15min 从水中取出 3 条试件。

2）测试前须先擦去试件表面的水分和砂粒，清除夹具上圆柱表面黏着的杂物，然后将试件安放到抗折夹具内，应使试件侧面与圆柱接触。

3）调节抗折仪零点与平衡，开动电机以 50N/s±10N/s 速度加荷，直到试件折断，记录抗折破坏荷载 F_f(N)。

4）按式（4.4）计算抗折强度 R_f（精确至 0.1MPa），即

$$R_f = \frac{1.5F_f L}{b^3} \qquad (4.4)$$

式中　L——抗折支撑圆柱中心距，$L=100mm$；

　　　b——棱柱体正方形截面的边长，mm。

5）抗折强度结果取 3 块试件的平均值；当 3 块试件中有一块超过平均值的 ±10％ 时，应予剔除，取其余两块的平均值作为抗折强度试验结果。

（4）水泥抗压强度试验。

1）抗折试验后的 6 个断块试件应保持潮湿状态，并立即进行抗压试验，抗压试验须用抗压夹具进行。清除试件受压面与加压板间的砂粒杂物，以试件侧面作受压面，并将夹具置于压力机承压板中央。

2）开动试验机以 2.4kN/s±0.2kN/s 的速度进行加荷，直至试件破坏。记录最大抗压破坏荷载 F_c(N)。

3）按式（4.5）计算抗压强度 R_c（精确至 0.1MPa），即

$$R_c = \frac{F_c}{A} \qquad (4.5)$$

式中　A——试件的受压面积，即 40mm×40mm＝1600mm²。

4）6 个抗压强度试验结果中，有一个超过 6 个算术平均值的 ±10％ 时，剔除最大超过值，以其余 5 个的算术平均值作为抗压强度试验结果，如 5 个测定值中再有超过它们平均数 ±10％ 时，则此组结果作废。

第5章　混凝土用骨料试验

5.1　概　　述

混凝土骨料是指在混凝土中起骨架或填充作用的粒状松散材料。分粗骨料和细骨料。粗骨料包括卵石、碎石、废渣等，细骨料包括中细砂、粉煤灰等。

粒径大于 4.75mm 的骨料称为粗骨料，俗称石。常用的有碎石及卵石两种。碎石是天然岩石或岩石经机械破碎、筛分制成的，粒径大于 4.75mm 的岩石颗粒。卵石是由自然风化、水流搬运和分选、堆积而成的、粒径大于 4.75mm 的岩石颗粒。卵石和碎石颗粒的长度大于该颗粒所属相应粒级的平均粒径 2.4 倍者为针状颗粒；厚度小于平均粒径 0.4 倍者为片状颗粒（平均粒径指该粒级上、下限粒径的平均值）。建筑用卵石、碎石应满足国家标准《建筑用卵石、碎石》（GB/T 14685—2001）的技术要求。

粒径在 4.75mm 以下的骨料称为细骨料，俗称砂。砂按产源分为天然砂、人工砂两类。天然砂是由自然风化、水流搬运和分选、堆积形成的、粒径小于 4.75mm 的岩石颗粒，但不包括软质岩、风化岩石的颗粒。天然砂包括河砂、湖砂、山砂和淡化海砂。人工砂是经除土处理的机制砂、混合砂的统称。

本试验主要包括骨料筛分析试验，含泥量试验、泥块含量试验、坚固性试验、堆积密度与空隙率试验、针片状颗粒总含量试验及含水率试验等。

5.2　骨料筛分析试验

1. 试验原理

砂中含有不同粒径的颗粒，将砂通过不同孔径的筛，可将砂按照不同颗粒范围分离开来。通过筛分析，可计算砂子的大小搭配状况，判断砂子的级配和细度模数是否合格。

实验中用到筛孔径（单位：mm）分别为 4.75、2.36、1.18、0.60、0.15、<0.15。

按式（5.1）计算细度模数，即

$$M_x = \frac{(A_2 + A_3 + A_4 + A_5 + A_6) - 5A_1}{100 - A_1} \tag{5.1}$$

式中　A_1、A_2、$\cdots$、A_6——4.75、2.36、$\cdots$、0.15mm 孔筛上的累计筛余百分率。

砂按细度模数（M_x）分粗、中、细和特细 4 种规格，由所测细度模数按规定评定该砂样的粗细程度。以 $M_x = 3.7 \sim 3.1$ 为粗砂、$M_x = 3.0 \sim 2.3$ 为中砂、$M_x = 2.2 \sim 1.6$ 为细砂、$M_x = 1.5 \sim 0.7$ 为特细砂来评定该砂的粗细程度。根据 0.60mm 筛所在的区间判断砂子属于哪个区。画出砂子所在级配曲线，并画出所在区间的上下限，以判断级配是否合格。

（1）砂的粗细程度对配制混凝土的影响。

砂的粗细程度是指不同粒径的砂粒混合在一起后的平均粗细程度。砂子通常分为粗砂、中砂、细砂和特细砂等几种。配制混凝土时，在相同用砂量条件下，采用细砂则其表面积较大，而用粗砂其总表面积较小。砂的总表面积越大，则在混凝土中需要包裹砂粒表面的水泥浆越多，当混凝土拌合物和易性要求一定时，显然用较粗的砂拌制混凝土比用较细的砂所需的水泥浆量为省。但若砂子过粗，易使混凝土拌合物产生离析、泌水等现象，影响混凝土的工作性。因此，用作配制混凝土的砂，不宜过细，也不宜过粗。

（2）砂的颗粒级配对配制混凝土的影响。

砂的颗粒级配是指砂中不同粒径颗粒的组配情况。如果砂的粒径相同，则其空隙率很大，在混凝土中填充砂子空隙的水泥浆用量就多；当用两种粒径的砂搭配起来，空隙就减少了；而用3种粒径的砂组配，空隙就更小。由此可知，当砂中含有较多的颗粒，并以适量的中粗颗粒及少量的细颗粒填充其空隙，即具有良好的颗粒级配，则可达到使砂的空隙率和总表面积均较小。这种砂是比较理想的。不仅所需水泥浆量较少、经济性好，而且还可以提高混凝土的和易性、密实度和强度。

（3）补充。

配制混凝土时宜优先选用Ⅱ区砂。当采用Ⅰ区砂时，应适当提高砂率，并保证足够的水泥用量，以满足混凝土的和易性；当采用Ⅲ区砂时，宜适当降低砂率，以保证混凝土强度。混凝土用砂应贯彻就地取材的原则，若某些地区的砂料出现过细、过粗或自然级配不良时，可采用人工级配，即将粗、细两种砂掺配使用，应调整其粗细程度和改善颗粒级配，直到符合要求为止。

2. 目的与适用范围

（1）目的。测定粗集料（碎石、砾石、矿渣）的颗粒组成。

（2）适用范围。

1）水泥混凝土用粗集料以干筛法筛分。

2）对沥青混合料及基层用粗集料必须以水洗法筛分。

3）本方法与适用于同时含有粗集料、细集料、矿粉的矿质混合料，如无机结合料稳定基层材料、沥青混合料以抽提后的矿料等筛分试验。

3. 主要试验仪器

（1）摇筛机（10；5.0；2.5；1.25；0.63；0.315；0.16），如图5.1所示。

（2）电子秤，如图5.2所示。

（3）烘箱、浅盘、毛刷和容器等。

4. 试验步骤

（1）水泥混凝土用粗骨料干筛法试验步骤。

1）称取按表5.1规定数量的试样一份，置于105℃±5℃的烘干箱中烘干至恒重，称取干燥集料试样的总质量（m_0），准确至1%，将试样倒入按孔径大小从上到下组合、附底筛的套筛上进行筛分，如图5.3所示。

图 5.1　摇筛机

图 5.2　电子天平

表 5.1　　　　　　　　　　　　　　筛分用的试样数量表

最大粒径/mm	4.75	9.5	16.0	19.0	26.5	31.5	37.5	63.0	75.0
最少试样质量/kg	0.5	1	1	2	2.5	4	5	8	10

图 5.3　缩分法取样

2）将套筛置于摇筛机上，筛分 10min；取下套筛，按筛孔尺寸大小顺序逐个手筛，筛至每分钟通过量小于试样总质量的 0.1% 为止。通过的颗粒并入下一号筛中，并和下一号筛中的试样一起过筛，按此顺序进行，直至各号筛全部筛完为止。

3）如果某个筛上的集料过多，影响筛分作业时，可以分两次筛分，当筛余颗粒的粒径大于 19.00mm 时，在筛分过程中，允许用手指拨动颗粒。

4）称出各号筛的筛余量，精确至总质量的 0.1%，试样在各号筛上的筛余量和筛底上剩余量的总量与筛分前后的试样总量（m_0）相差不得超过后者的 0.5%。

注：由于 0.075mm 筛干筛几乎不能反沾在粗集料表面的小于 0.075mm 部分的石粉筛过去，而且对水泥混凝土用粗集料而言，0.075mm 通过率意义不大，所以也可以不筛，

且把通过 0.15mm 筛的筛下部分作为 0.075mm 的分计筛余，将粗集料的 0.075mm 通过率假设为 0。

（2）沥青混合料及基层用粗骨料水洗法试验步骤。

1）称取一份试样，置于 105℃±5℃ 的烘箱中烘干至恒重，称取干燥集料试样的总质量（m_3），准确至 1%。

2）将试样置于一洁净容器中，加入足够数量的洁净水，将集料全部盖没，但不得使用任何洗涤剂或表面活性剂。

3）用搅棒充分搅动集料，使集料表面洗涤干净，使细粉悬浮在水中，但不得破碎集料或有集料从水中溅出。

4）根据集料大小选择一组套筛，其底部为 0.075mm 标准筛，上部为 2.36mm 或 4.75mm 筛，仔细将容器中混有细粉的悬浮液徐徐倒出，经过套筛流入另一容器中，不得有集料倒出。

5）重复 2）～4）步骤，直至倒出的水洁净为止。

6）将套筛的每个筛子上的集料及容器中的集料倒入搪瓷盘中，操作过程中不得有集料散失。

7）将搪瓷盘连同集料一起置于 105℃±5℃ 的烘箱中烘干至恒重，称取干燥集料试样的总质量（m_4），准确至 1%，m_3 与 m_4 之差即为通过 0.075mm 部分。

8）将回收的干燥集料按干筛法分出 0.075mm 筛以上各筛的筛余量，此时 0.075mm 筛上部分应为 0。

（3）水泥混凝土用细骨料干筛法试验步骤。

1）准确称取试样 500g，精确到 1g。

2）将标准筛按孔径由大到小的顺序叠放，加底盘后，将称好的试样倒入最上层的 4.75mm 筛内，加盖后置于摇筛机上，摇约 10min。

3）将套筛自摇筛机上取下，按筛孔大小顺序再逐个用手筛，筛至每分钟通过量小于试样总量的 0.1% 为止。通过的颗粒并入下一号筛中，并和下一号筛中的试样一起过筛，按这样的顺序进行，直至各号筛全部筛完为止。

4）称取各号筛上的筛余量，试样在各号筛上的筛余量不得超过 200g；否则应将筛余试样分成两份，再进行筛分，并以两次筛余量之和作为该号的筛余量。

5. 结果处理（表 5.2）

（1）计算分计筛余百分率。各号筛上的筛余量与试样总量相比，精确至 0.1%。

（2）计算累计筛余百分率。每号筛上的筛余百分率加上该号筛以上各筛余百分率之和，精确至 0.1%。筛分后，若各号筛的筛余量与筛底的量之和同原试样质量之差超过 1% 时，须重新试验。

（3）累计筛余百分率取两次试验结果的算术平均值，精确至 1%。细度模数取两次试验结果的算术平均值，精确至 0.1；如两次试验的细度模数之差超过 0.20 时，须重新试验。

根据细度模数 M_x 大小将砂按下列分类：

$M_x > 3.7$ 为特粗砂；$M_x = 3.1～3.7$ 为粗砂；$M_x = 3.0～2.3$ 为中砂；$M_x = 2.2～1.6$ 为细砂；$M_x = 1.5～0.7$ 为特细砂。

表 5.2　　　　　　　　　　　　　　　　**筛 分 析 试 验 结 果**

筛孔尺寸/mm	4.75	2.36	1.18	0.60	0.15	底盘
筛余量/g	m_1	m_2	m_3	m_4	m_5	m_6
分计筛余/%	$a_1=m_1/500$	$a_2=m_2/500$	$a_3=m_3/500$	$a_4=m_4/500$	$a_5=m_5/500$	$a_6=m_6/500$
累计筛余/%	$A_1=a_1$	$A_2=A_1+a_2$	$A_3=A_2+a_3$	$A_4=A_3+a_4$	$A_5=A_4+a_5$	$A_6=A_5+a_6$

砂的颗粒级配根据 0.600mm 筛孔对应的累计筛余百分率 A_4，分成Ⅰ区、Ⅱ区和Ⅲ区 3 个级配区。级配良好的粗砂应落在Ⅰ区；级配良好的中砂应落在Ⅱ区；细砂则落在Ⅲ区。实际使用的砂颗粒级配可能不完全符合要求，除了 4.75mm 和 0.600mm 对应的累计筛余率外，其余各档允许有 5% 的超界，当某一筛档累计筛余率超界 5% 以上时，说明砂的级配很差，视作不合格。

以累计筛余百分率为纵坐标，筛孔尺寸为横坐标，根据级区可绘制Ⅰ、Ⅱ、Ⅲ级配区的筛分曲线。在筛分曲线上可以直观地分析砂的颗粒级配优劣，见表 5.3。

表 5.3　　　　　　　　　　　　　　　　**砂 的 颗 粒 级 配**

筛孔尺寸/mm	累计筛余/%		
	Ⅰ区	Ⅱ区	Ⅲ区
10.00	0	0	0
4.75	10～0	10～0	10～0
2.36	35～5	25～0	15～0
1.18	65～35	50～10	25～0
0.600	85～71	70～41	40～16
0.300	95～80	92～70	85～55
0.150	100～90	100～90	100～90

根据表 5.3，可以绘制出各级配区的筛分析曲线，如图 5.4 所示。

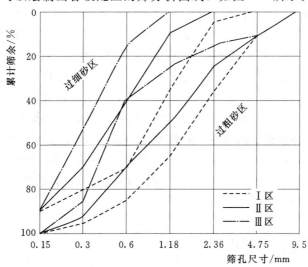

图 5.4　砂的级配曲线

6. 注意事项

（1）四分法缩取试样。用分料器直接分取或人工 4 等分。将取回的砂试样拌匀后摊成厚度约 20mm 的饼状，在其上划十字线，分成大致相等的 4 份，取其对角线的两份混合后，再按同样的方法持续进行，直至缩分后的材料量略多于试验所需的数量为止。

（2）试验前后、质量偏差。试验前后质量总计与试验前相比误差不得超过 1%；否则重新试验。

5.3 骨料含泥量试验

5.3.1 细集料含泥量试验（筛洗法）

1. 试验目的

测定骨料中小于 0.075mm 的尘屑、淤泥和黏土的总含量。

2. 试验适用范围

（1）本方法仅用于测定天然砂中粒径小于 0.075mm 的尘屑、淤泥和黏土的含量。

（2）本方法不适用于人工砂、石屑等矿粉成分较多的细集料。

3. 主要试验仪器

（1）天平。称量 1kg，感量不大于 1g。

（2）烘箱。能控温在 105℃±5℃。

（3）标准筛。孔径 0.075mm 及 1.18mm 的方孔筛。

（4）其他。筒、浅盘等。

4. 试样制备

将试样用四分法缩分至每份约 1000g，置于温度为 105℃±5℃ 的烘箱中烘干至恒重，冷却至室温后，称取约 400g（m_0）的试样两份备用。

5. 试验步骤

（1）取烘干的试样一份置于筒中，并注入洁净的水，使水面高出砂面约 200mm，充分拌和均匀后，浸泡 24h，然后用手在水中淘洗试样，使尘屑、淤泥和黏土与砂粒分离，并使之悬浮于水中，缓缓地将浑浊液倒入 1.18～0.075mm 的套筛上，滤去小于 0.075mm 的颗粒。试验前筛子的两面应先用水湿润，在整个试验过程中应注意避免砂粒丢失。

（2）再次加水于筒中，重复上述过程，直至筒内砂样洗出的水清澈为止。

（3）用水冲洗剩留在筛上的细粒，并将 0.075mm 筛放在水中（使水面略高出筛中砂粒的上表面）来回摇动，以充分洗除小于 0.075mm 的颗粒；然后将两筛上筛余的颗粒和筒中已经洗净的试样一并装入浅盘，置于温度为 105℃±5℃ 的烘箱中烘干至恒重，冷却至室温，称取试样的质量（m_1）。

6. 结果处理

砂的含泥量按式（5.2）计算至 0.1%，即

$$Q_n = \frac{m_0 - m_1}{m_0} \times 100\%$$ （5.2）

式中　Q_n——砂的含泥量，%；

　　　m_0——试验前的烘干试样质量，g；

　　　m_1——试验后的烘干试样质量，g。

以两个试样试验结果的算术平均值作为测定值。两次结果的差值超过0.5%时，应重新取样进行试验。

7. 操作要点

四分法取样具有科学性、真实性和代表性。其具体步骤为：将样品按照测定要求磨细，过一定孔径的筛子，然后混合，平铺成圆形，分成四等分，取相对的两份混合，然后再平分，直到达到自己的要求为止。

具体操作起来要视情况而定：如液体：方便混匀的，先混匀再取样。固体：研细，混合均匀取样。混合可用四分法。

5.3.2　粗集料含泥量试验（筛洗法）

1. 试验步骤

（1）称取试样1份（m_0）装入容器内（表5.4），加水，浸泡24h，用手在水中淘洗颗粒（或用毛刷洗刷），使尘屑、黏土与较粗颗粒分开，并使之悬浮于水中；缓缓地将浑浊液倒入1.18mm及0.075mm的套筛上，滤去小于0.075mm的颗粒。试验前筛子的两面应先用水湿润，在整个试验过程中，应注意避免大于0.075mm的颗粒丢失。

表5.4　　　　　　　　　　含泥量及泥块含量试验所需试样最小质量

公称最大粒径/mm	4.75	9.5	16	19	26.5	31.5	37.5	63	75
试样最小质量/kg	1.5	2	2	6	6	10	10	20	20

（2）再次加水于容器中，重复上述步骤，直至洗出的水清澈为止。

（3）用水冲洗剩余在筛上的细粒，并将0.075mm筛放在水中（使水面略高于筛内颗粒）来回摇动，以充分洗除小于0.075mm的颗粒，而后将两只筛上余留的颗粒和容器中已经洗净的试样一并装入浅盘，置于温度为105℃±5℃的烘箱中烘干至恒重，取出冷却至室温后，称取试样的质量（m_1）。

2. 结果处理

砂的含泥量按式（5.3）计算至0.1%，即

$$Q_n = \frac{m_0 - m_1}{m_0} \times 100\% \tag{5.3}$$

式中　Q_n——石子的含泥量，%；

　　　m_0——试验前的烘干试样质量，g；

　　　m_1——试验后的烘干试样质量，g。

以两个试样试验结果的算术平均值作为测定值。两次结果的差值超过0.5%时，应重新取样进行试验。

5.4 骨料中泥块含量试验

5.4.1 细骨料泥块含量试验

试验步骤如下：

（1）取样，并将试样缩分至约 5000g，放在烘箱中于 105℃±5℃烘干至恒重，待冷却至室温后，筛除小于 1.18mm 的颗粒，分为大致相等的两份备用。

（2）称取试样 200g，精确至 0.1g。将试样倒入淘洗容器中，注入清水，使水面高于试样面约 150mm，充分搅拌均匀后，浸泡 24h，然后用手在水中碾碎泥块，再把试样放在 600μm 筛上，用水淘洗，直至容器内的水目测清澈为止。

（3）将保留下来的试样小心地从筛中取出，装入浅盘后，放在烘箱中于 105℃±5℃下烘干至恒重，待冷却至室温后，称出其质量，精确至 0.1g。

（4）结果计算与评定。

1）泥块含量按式（5.4）计算，即

$$Q_b = \frac{G_2 - G_1}{G_1} \times 100\% \qquad (5.4)$$

式中　Q_b——含块泥量，%；

　　　G_1——1.18μm 筛筛余试样的质量，g；

　　　G_2——试验后烘干试样的质量，g。

2）泥块含量取两个试样的试验结果算术平均值，精确至 0.1g。

5.4.2 粗骨料泥块含量试验

试验步骤如下：

（1）取样，并将试样缩分至略大于表 5.4 规定的 2 倍数量，放在干燥箱中于 105℃±5℃下烘干至恒重，等冷却至室温后，筛除小于 4.75mm 的颗粒，分为大致相等的两份备用。

（2）根据试样的最大粒径，称取按表 5.4 的规定数量试样一份，精确到 1g。将试样放入淘洗容器中，注入清水，使水面高于试样上表面。充分搅拌均匀后，浸泡 24h，然后用手在水中淘洗试样，再用手在水中碾碎泥块，把试样放在 2.36mm 筛上，用水淘洗，直至容器内的水目测清澈为止。

（3）结果计算与评定。

1）泥块含量按式（5.5）计算，即

$$Q_b = \frac{G_2 - G_1}{G_1} \times 100\% \qquad (5.5)$$

式中　Q_b——含块泥量，%；

　　　G_1——4.75mm 筛筛余试样的质量，g；

　　　G_2——试验后烘干试样的质量，g。

2）取两个试样的试验结果算术平均值，精确至 0.1%。

3）采用修约值比较法进行判定。

5.5 骨料坚固性试验

5.5.1 细集料压碎值指标

1. 试验目的

细集料压碎指标用于衡量细集料在逐渐增加的荷载下抵抗压碎的能力，以评定其在土木工程中的适用性。

2. 检测依据

细集料坚固性试验按《公路工程集料 试验规程》（JTG E42—2005）进行。

3. 主要试验仪器

（1）压力机。量程 50～1000kN，示值相当误差 2%，应能保持 1kN/s 的加荷速率。

（2）天平。感量不大于 1g。

（3）标准筛。

（4）细集料压碎指标试模。

（5）金属捣棒。直径 10mm，长 500mm，一端加工成半球形。

4. 试验准备

（1）采用风干的细集料样品，置烘箱中于 105℃±5℃ 条件下烘干至恒重，通常不超过 4h，取出冷却至室温。后用 4.75mm、2.36～0.3mm 各档标准筛过筛，去除大于4.75mm 部分，分成 4.75～2.36mm、2.36～1.18mm、1.18～0.6mm、0.6～0.3mm 这 4组试样，各组取 1000g 备用。

（2）称取单粒级试样 330g，准确至 1g。将试样倒入已组装成的试样钢模中，使试样距底盘面的高度约为 50mm。整平钢模内试样表面，将加压头放入钢模内，转动 1 周，使其与试样均匀接触。

5. 试验步骤

（1）将装有试样的试模放到压力机上，注意使压头摆平，对中压板中心。

（2）开动压力机，均匀地施加荷载，以 500N/s 的速率加压至 25kN，稳压 5s，以同样的速率卸荷。

（3）将试模从压力机上取下，取出试样，以该粒组的下限筛孔过筛（如对 4.75～2.36mm 以 2.36mm 标准筛过筛）。称取筛余量（m_1）和通过量（m_2），准确至 1g。

6. 数据处理

（1）计算粒级细集料的压碎指标，精确至 1%。

$$Y_i = \frac{m_1}{m_1 + m_2} \qquad (5.6)$$

式中　Y_i——第 i 粒级细集料的压碎指标值，%；

　　　m_1——试样的筛余量，g；

　　　m_2——试样的通过量，g。

（2）每组粒级的压碎指标值以 3 次试验结果的平均值表示，精确至 1%。

（3）取最大单粒级压碎指标值作为该细集料的压碎指标值。

5.5.2 粗集料压碎值指标

1. 试验目的

集料压碎值用于衡量石料在逐渐增加的荷载下抵抗压碎的能力，是衡量石料力学性质的指标，以评定其在土木工程中的适用性。

2. 试验仪器

(1) 石料压碎值试验仪。

(2) 金属棒。直径 10mm，长 450～600mm，一端加工成半球形。

(3) 天平。称量 2～3kg，感量不大于 1g。

(4) 标准筛。筛孔尺寸 13.2mm、9.5mm、2.36mm 方孔筛各一个。

(5) 压力机。500kN，应能在 10min 内达到 400kN。

(6) 金属筒。圆柱形，内径 112.0mm，高 179.4mm，容积 1767cm³。

3. 试验准备

石料数量应满足按下述方法夯击后石料在试筒内的高度为 100mm。在金属筒中确定石料。

(1) 采用风干石料用 13.2mm 和 9.5mm 标准筛过筛，取 3 组 9.5～13.2mm 各 3000g 供试验用。风干或烘干，烘箱温度不得超过 100℃，烘干时间不超过 4h。试验前，石料应冷却至室温。

(2) 每次试验的方法如下：将试样分 3 次（每次数量大体相同）均匀装入量筒中，每次均将试样表面整平，用金属棒的半球面端从石料表面上均匀捣实 25 次。最后用金属棒作为直刮刀将表面仔细整平。称取量筒中试样质量（m_0）以相同质量的试样进行压碎值的平行试验。

4. 试验步骤

(1) 将试筒安放在底板上。

(2) 将要求质量的试样分 3 次（每次数量大体相同）均匀装入试模中，每次均将试样表面整平，用金属棒的半球面端从石料表面上均匀捣实 25 次。最后将表面仔细整平。

(3) 将装有试样的试模放到压力机上，同时将加压头放入试筒内石料面上，注意使压头摆平，勿楔挤试模侧壁。

(4) 开动压力机，均匀地施加荷载，在 10min 左右的时间内达到总荷载 400kN，稳压 5s，然后卸荷。

(5) 将试模从压力机上取下，取出试样。

(6) 用 2.36mm 标准筛筛分经压碎的全部试样，可分几次筛分，均需筛到在 1min 内无明显的筛出物为止。

(7) 称取通过 2.36mm 筛孔的全部细料质量（m_1），准确至 1g。

5. 结果处理

(1) 石料压碎值按式计算，精确至 0.1%。

$$Q'_n = \frac{m_1}{m_0} \times 100\%$$ (5.7)

式中　Q'_n——石子压碎值，％；

m_1——试验前试样质量，g；

m_0——试验后通过 2.36mm 筛孔的试样质量，g。

（2）以 3 个平行试验结果的算术平均值作为压碎值的测定值。

5.6　骨料堆积密度与空隙率试验

1. 试验目的

测定粗集料的堆积密度，包括自然堆积状态、振实状态、捣实状态下的堆积密度，以及堆积状态下的间隙率。

2. 主要试验仪器

（1）天平或台秤。感量不大于称量的 0.1％。

（2）容量筒。适用于粗集料堆积密度测定的容量筒，应符合表 5.5 要求。

表 5.5　　　　　　　　　容 量 筒 的 规 格 要 求

碎石或卵石最大粒径/mm	容量筒容积/L	容量筒规格/mm		筒壁厚度/mm
		内径	净高	
10.0；16.0；20.0；25.0	10	208	294	2
31.5；40.0	20	294	294	3
63.0；80.0	30	362	294	4

注　测定紧密密度时，对最大粒径为 31.5mm、40.0mm 的集料，可采用 10L 的容量筒；对最大粒径为 63.0mm、80.0mm 的集料，可采用 20L 的容量筒。

（3）平头铁锹。

（4）烘箱。能控温 105℃±5℃。

（5）振动台。频率为 3000 次/min±200 次/min，负荷下的振幅为 0.35mm，空载时的振幅为 0.5mm。

（6）捣棒。直径 16mm、长 600mm、一端为圆头的钢棒。

3. 试样制备

按粗集料的取样方法取样、缩分，质量应满足试验要求，在 105℃±5℃ 的烘箱中烘干，也可以摊在清洁的地面上风干，拌匀后分成两份备用。

4. 试验步骤

（1）自然堆积密度。取试样一份，置于平整干净的水泥地（或铁板）上，用平头铁锹铲起试样，使石子自由落入容量筒内。此时，从铁锹的齐口至容量筒上口的距离应保持 50mm 左右，装满容量筒并除去凸出筒口表面的颗粒，并以合适的颗粒填入凹处，使表面凸起部分和凹部分的体积大致相等，称取试样和容量筒的总质量（m_2）。

（2）振实密度。

1）人工振实。将试样分 3 层装入容量筒，每装完一层，在筒底垫一根直径为 25mm 的圆筋，按住筒左右颠击各 25 下。将超出筒口的颗粒用钢筋在筒口以滚动的方式除去，并用合适的颗粒入凹隙，保证凸出部分和凹陷部分的体积大致相同，称取试样和容量筒的总质量（m_3）。

2）机械振实。将试样一次装满容量筒，然后将容量筒固定在振动台上，启动电源振动 2～3min 将容量筒取下。称取试样容量筒的总质量（m_3）。

（3）捣实密度试验。将试样分 3 次装入容量筒，每层高度约占筒高 1/3，用金属捣棒由边中心均匀插捣 25 次，插捣深度约达到下层表面。最后一层捣实刮平后与筒口齐平，即凸出部分和凹陷部分的体积大致相同，称取试样和容量筒的总质量（m_4）。

（4）容量筒容积标定。称空容量筒的质量（m_1），将水装满容量筒，擦干筒外壁水分，再称水与容量筒的总质量（m_w）。测定水温，按照不同水温条件下温度修正系数对容量筒的容积作校正。

5. 结果处理

（1）容量筒的容积按式（5.8）计算，即

$$V = \frac{m_w - m_1}{\rho_T} \tag{5.8}$$

式中 V——容量筒的容积，L；

m_1——容量筒的质量，kg；

m_w——容量筒与水的质量，kg；

ρ_T——试验温度 T 时水的密度，g/cm^3。

（2）堆积密度（包括自然堆积密度、振实状态、捣实状态下的堆积密度）按下式计算至小数点后两位，即

$$\rho = \frac{m_2 - m_1}{V}$$

式中 ρ——与各种状态相对应的堆积密度，t/m^3；

m_2——容量筒与试样的总质量，kg；

m_1——容量筒的质量，kg；

V——容量筒的容积，L。

（3）水泥混凝土用粗集料振实状态下的空隙率按式（5.9）计算，即

$$V_c = \left(1 - \frac{\rho}{\rho_s}\right) \times 100\% \tag{5.9}$$

式中 V_c——捣实状态下粗集料骨架间隙率，%；

ρ_s——粗集料的毛体积密度，t/m^3；

ρ——按振实法测定的粗集料的自然密度，t/m^3。

（4）报告以两次平行试验结果的平均值作为测定值。

6. 操作要点

（1）要完全按照每种密度测定的要求装填试样，以免不必要的振捣或所要求的振捣达不到标准，引起试验误差。

（2）容量筒应根据集料的工程最大粒径按照规格选择，也可就大不就小，即小级的粒径可选择大一级的容量筒，但反之则不可。

5.7　粗骨料中针片状颗粒总含量试验

1. 试验目的

本方法适用于测定粗集料的针状及片状的颗粒含量，以百分率计算。

2. 针片状规准仪技术要求

（1）普通混凝土用碎石或卵石片状规准仪。

片状规准仪的长×宽分别为 85.8mm×14.3mm、67.8mm×11.3mm、54mm×9mm、43.2mm×7.2mm、31.2mm×5.2mm、18mm×3mm。条孔均匀分布在规准板上。

（2）建筑用卵石、碎石片状规准仪。

1）片状规准仪长 240mm、宽 120mm、厚 3mm、高 100mm。

2）片状规准仪为条孔，长×宽分别为 82.8mm×13.8mm、69.6mm×11.6mm、54.6mm×9.1mm、42.0mm×7.0mm、30.6mm×5.1mm、17.1mm×2.8mm。条孔均匀分布在规准板上。

（3）规准孔两端为圆弧形，其弧形分别为各孔宽度。

（4）规准板支腿为 8mm 直径的光圆钢筋制成。

（5）规准板及支腿平直、光滑、表面镀铬，孔壁平直。

（6）石子针片状规准仪校验方法。

1）目测和手摸是否光滑、平整，是否镀铬。

2）用钢直尺测量片状规准仪长、宽、厚及高。

3）用钢直尺测量孔宽及孔长。

4）用游标卡尺测量支腿直径。

5）用弧度板测量条孔端部的弧径。

3. 检测依据

按《规准仪法》（TO 311—2000）进行。

4. 主要试验仪器

针状规准仪如图 5.5 所示，片状规准仪（长和宽有不同的规格）如图 5.6 所示。

图 5.5　针状规准仪　　　　　　　　图 5.6　片状规准仪

5. 试验制备

（1）按规定取样，并将试样缩分至略大于表 5.6 规定的数量，烘干或风干后备用。

表 5.6　　　　　　　　　　针片状颗粒含量试验所需试样数量

最大粒径/mm	9.5	16.0	19.0	26.5	31.5	37.5
最少试样质量/kg	0.3	1.0	2.0	3.0	5.0	10.0

（2）按规定称取试样 G_1，精确到 1g。然后按规定进行筛分。

6. 试验步骤

（1）按表 5.7 规定的粒级用规准仪逐粒对试样 G_1 进行检验。

表 5.7　　小于 37.5mm 颗粒针片状颗粒含量试验的粒级划分相应的卡尺口设定宽度　单位：mm

石子粒级	4.75～9.50	9.50～16.0	16.0～19.0	19.0～26.5	26.5～31.5	31.5～37.5
片状规准仪相对应孔宽	2.8	5.1	7.0	9.1	11.6	13.8
针状规准仪相对应间距	17.1	30.6	42.0	54.6	69.6	82.8

凡颗粒长度大于针状规准仪上相应间距者，为针状颗粒；颗粒厚度小于片状规准仪上相应孔宽者，为片状颗粒。称出其总质量 G_2，精确至 1g。

（2）针片状颗粒含量按式（5.10）计算（精确至 1%），即

$$Q_c = \frac{G_2}{G_1} \times 100\%$$ 　　　　　　　（5.10）

式中　Q_c——针、片状颗粒含量，%；

　　　G_1——试样的质量，g；

　　　G_2——试样中所含针片状颗粒的总质量，g。

5.8　细骨料含水率试验

1. 试验目的

快速测定细集料（砂）的含水率。

2. 主要试验仪器

（1）天平。称量 200g，感量不大于 0.2g。

（2）容器。浅盘等。

（3）酒精。普通工业酒精。

（4）其他。毛刷、玻璃棒等。

3. 试验步骤

（1）取干净容器，称取其质量（m_1）。

（2）将约 100g 试样置于容器中，称取试样和容器的总量（m_2）。

（3）向容器中的试样加入约 20mL 酒精，拌和均匀后点火燃烧并不断翻拌试样，待火焰熄灭后，过 1min 再加入约 20mL 酒精，仍按上述步骤进行。

（4）待第二次火焰熄灭后，称取干样与容器总质量（m_3）。

注：试样经两次燃烧后，表面应呈干燥颜色；否则须再加酒精燃烧一次。

4. 计算

按式（5.11）计算细集料的含水率（精确至 0.1%），即

$$W = \frac{m_2 - m_3}{m_3 - m_1} \times 100\% \qquad (5.11)$$

式中　W——细集料的含水率，%；

　　　m_1——容器质量，g；

　　　m_2——燃烧前的试样与容器总质量，g；

　　　m_3——燃烧后的试样与容器总质量，g。

5. 结果处理

以两次试验结果的算术平均值作为测定值，允许平行差值应符合表 5.8 的要求。

表 5.8　　　　　　　　　　　允 许 平 行 差 值

含水率/%	<10	10～40	>40
允许平均差值/%	0.5	1.0	2.0

5.9　粗骨料密度及吸水率试验

1. 试验目的

本方法适用于测定各种粗集料的表观相对密度、表干相对密度、毛体积相对密度、表观密度、表干密度、毛体积密度及粗集料的吸水率。

2. 主要试验仪器

（1）天平和浸水天平。可悬挂吊篮测定集料的水中质量，应满足试样数量称量要求，感量不大于最大称量的 0.05%，如图 5.7 所示。

（2）吊篮。耐锈蚀材料制成，直径和高度为 150mm 左右，四周及底部用 1～2mm 的筛网编制或具有密集的孔眼。

（3）溢流水槽。在称量水中质量时能保持水面高度一定。

（4）烘箱。能控温在 105℃±5℃。

（5）毛巾。纯棉制，洁净，也可用纯棉的汗衫布代替。

（6）温度计。

（7）标准筛。

（8）盛水容器（如搪瓷盘）。

（9）其他：刷子等。

图 5.7　浸水天平

3. 试样制备

（1）将试样用标准筛过筛除去其中的细集料，对较粗的粗集料可用 4.75mm 筛过筛，对 2.36～4.75mm 集料，或者混在 4.75mm 以下石屑中的粗集料，则用 2.36mm 标准筛过筛，用四分法或分料器法缩分至要求的质量，分两份备用。对沥青路面用粗集料，应对不同规格的集料分别测定，不得混杂，所取的每一份集料试样应基本上保持原有的级配。

（2）经缩分后供测定密度和吸水率的粗集料质量应符合规定，见表 5.9。

表 5.9　　　　　　　　　　　　　测定密度所需要的试验最小质量

公称最大粒径/mm	4.75	9.5	16	19	26.5	31.5	37.5	63	75
每一份试验的最小质量/kg	0.8	1	1	1	1.5	1.5	2	3	3

将每一份集料试样浸泡在水中，并适当搅动，仔细洗去附在集料表面的尘土和石粉，经多次漂洗干净至水完全清澈为止。清洗过程中不得散失集料颗粒。

4. 试验步骤

(1) 取试样一份装入干净的搪瓷盘中，注入洁净的水，水面至少应高出试样 20mm，轻轻搅动石料，使附着在石料上的气泡完全逸出。在室温下保持浸水 24h。

(2) 将吊篮挂在天平的吊钩上，浸入溢流水槽中，向溢流水槽中注水，水面高度至水槽的溢流孔，将天平调零。吊篮的筛网应保证集料不会通过筛孔流失，对 2.36~4.75mm 粗集料应更换小孔筛网，或在网篮中加放入一个浅盘。

(3) 调节水温在 15~25℃ 范围内。将试样移入吊篮中。溢流水槽中的水面高度由水槽的溢流孔控制，维持不变。称取集料的水中质量（m_w）。

(4) 提起吊篮，稍稍滴水后，较粗的粗集料可以直接倒在拧干的湿毛巾上。将较细的粗集料（2.36~4.75mm）连同浅盘一起取出，倾斜搪瓷盘，倒出余水，将粗集料倒在拧干的湿毛巾上，用毛巾吸走从集料中漏出的自由水。用拧干的湿毛巾轻轻擦干集料颗粒的表面水，至表面看不到发亮的水迹，即为饱和面干状态。整个过程中不得有集料丢失，且已擦干的集料不得继续在空气中放置，以防止集料干燥。

(5) 立即在保持表干状态下，称取集料的表干质量（m_f）。

(6) 将集料置于浅盘中，放入 105℃±5℃ 的烘箱中烘干至恒重。取出浅盘，放在带盖的容器中冷却至室温，称取集料的烘干质量（m_a）（注：恒重是指相邻两次称量间隔时间大于 3h 的情况下，其前后两次称量之差小于该项试验要求的精密度，即 0.1%。一般在烘箱中烘烤的时间不得少于 4~6h）。

(7) 对同一规格的集料应平行试验。

5. 结果处理

(1) 相对密度计算。

表观相对密度，有

$$\gamma_a = \frac{m_a}{m_a - m_w} \tag{5.12}$$

表干相对密度，有

$$\gamma_s = \frac{m_f}{m_f - m_w} \tag{5.13}$$

毛体积相对密度，有

$$\gamma_b = \frac{m_a}{m_f - m_w} \tag{5.14}$$

以上式中　γ_a——集料的表观相对密度，无量纲；

γ_s——集料的表干相对密度，无量纲；

γ_b——集料的毛体积相对密度，无量纲；

m_a——集料的烘干质量，g；

m_f——集料的表干质量，g；

m_w——集料的水中质量，g。

（2）吸水率（精确至0.01%）。

$$W_x = \frac{m_f - m_a}{m_a} \times 100\% \tag{5.15}$$

式中　W_x——粗集料的吸水率，%。

（3）表观密度（视密度）、表干密度、毛体积密度按以下各式计算，准确至小数点后3位。

不同水温条件下测量的粗集料表观密度需进行水温修正，不同试验温度下水的密度ρ_T及水的温度修正系数α_T按表5.10选用，即

$$\rho_a = \gamma_a \times \rho_T \ 或 \ \rho_a = (\gamma_a - \alpha_T)\rho_w \tag{5.16}$$

$$\rho_s = \gamma_s \times \rho_T \ 或 \ \rho_s = (\gamma_s - \alpha_T)\rho_w \tag{5.17}$$

$$\rho_b = \gamma_b \times \rho_T \ 或 \ \rho_b = (\gamma_b - \alpha_T)\rho_w \tag{5.18}$$

以上式中　ρ_a——粗集料的表观密度，g/cm³；

　　　　　ρ_s——粗集料的表干密度，g/cm³；

　　　　　ρ_b——粗集料的毛体积密度，g/cm³；

　　　　　ρ_T——试验温度T时水的密度，g/cm³，按表5.10取用；

　　　　　α_T——试验温度T时的水温修正系数；

　　　　　ρ_w——水在4℃时的密度，1.000g/cm³。

对表观相对密度、表干相对密度、毛体积相对密度、吸水率，取两次平均值作为试验结果。

表5.10　　　　　　　　不同水温时水的密度ρ_T及水温修正系数α_T

水温/℃	15	16	17	18	19	20
水的密度ρ_T/(g/cm³)	0.99913	0.99897	0.99880	0.99862	0.99843	0.99822
水温修正系数α_T	0.002	0.003	0.003	0.004	0.004	0.005
水温/℃	21	22	23	24	25	
水的密度ρ_T/(g/cm³)	0.99802	0.99779	0.99756	0.99733	0.99702	
水温修正系数α_T	0.005	0.006	0.006	0.007	0.007	

（4）精密度或允许差。

重复试验的精密度，对表观相对密度、表干相对密度、毛体积相对密度，两次结果相差不得超过0.02，对吸水率不得超过0.2%。

6.注意事项

（1）缩分后的试样应具有代表性，在测定2.36～4.75mm的粗集料时，试验过程中应特别小心，不得丢失集料。

（2）对2.36～4.75mm集料，用毛巾擦拭时容易沾附细颗粒集料，从而造成集料损

失，此时宜改用洁净的纯棉汗衫布擦拭至表干状态。

（3）恒重是指相邻两次称量间隔时间大于 3h 的情况下，其前后两次称量之差小于该项试验要求的精密度，即 0.1%。一般在烘箱中烘烤的时间不得少于 4~6h。

（4）重复试验的精密度，对表观相对密度、表干相对密度、毛体积相对密度，两次结果相差不得超过 0.02，对吸水率不得超过 0.2%。

第6章 普通混凝土试验

6.1 概　　述

混凝土，简称"砼（音'tóng'）"，是指由胶凝材料将集料胶结成整体的工程复合材料的统称。通常讲的混凝土一词是指用水泥做胶凝材料，砂、石做集料，与水（可含外加剂和掺合料）按一定比例配合，经搅拌而得的水泥混凝土，也称普通混凝土，它广泛应用于土木工程。

混凝土是一种充满生命力的建筑材料。随着混凝土组成材料的不断发展，人们对材料复合技术的认识不断提高。对混凝土的性能要求不仅仅局限于抗压强度，而是在立足强度的基础上，更加注重混凝土的耐久性、变形性能等综合指标的平衡和协调。混凝土各项性能指标的要求比以前更明确、细化和具体。同时，建筑设备水平的提升，新型施工工艺的不断涌现和推广，使混凝土技术适应了不同的设计、施工和使用要求，发展迅速。

混凝土的性能主要包括和易性、强度、耐久性和变形性能。

本试验所说的普通混凝土指没有加入掺合料和外加剂，只有水泥、水、砂、石子4种基本材料的混凝土。

6.2　普通混凝土拌合物和易性试验

6.2.1　概述

和易性是混凝土拌合物的最重要的性能，主要包括流动性、黏聚性和保水性3个方面。它综合表示拌合物的稠度、流动性、可塑性、抗分层离析泌水的性能。测定和表示拌合物和易性的方法和指标很多，中国主要采用截锥坍落筒测定的坍落度（mm）及用维勃仪测定的维勃时间（s）作为稠度的主要指标。

6.2.2　取样

（1）同一组混凝土拌合物的取样应从同一盘混凝土或同一车混凝土中取样。取样量应多于试验所需量的1.5倍；且宜不小于20L。

（2）混凝土拌合物的取样应具有代表性，宜采用多次采样的方法。一般在同一盘混凝土或同一车混凝土中的约1/4处、1/2处和3/4处之间分别取样，从第一次取样到最后一次取样不宜超过15min，然后人工搅拌均匀。

（3）从取样完毕到开始做各项性能试验，不宜超过5min。

6.2.3　试样制备

（1）在试验室制备混凝土拌合物时，拌和时试验室的温度应保持在20℃±5℃，所用材料的温度应与试验室温度保持一致。

（2）试验室拌和混凝土时，材料用量应以质量计。称量精度：骨料为±1％；水、水泥、掺合料、外加剂均为±0.5％。

（3）混凝土拌合物的制备应符合《普通混凝土配合比设计规程》（JGJ 55—2011）中的有关规定。

（4）从试样制备完毕到开始做各项性能试验，不宜超过5min。

6.2.4　新拌混凝土和易性试验

1. 坍落度试验

（1）试验目的。坍落度是表示混凝土拌合物稠度的一种指标，本试验适用于坍落度大于10mm，集料粒径不大于40mm的混凝土。集料粒径大于40mm的混凝土，容许用加大坍落度筒，但应予以说明。

（2）检测依据。按《普通混凝土拌合物性能试验方法标准》（GB/T 50080—2002）进行。

图6.1　混凝土坍落度筒

（3）主要试验仪器。

1）坍落度筒。如图6.1所示，坍落度筒为铁板制成的截头圆锥筒，厚度不小于1.5mm，内侧平滑，没有铆钉头之类的突出物，在筒上方约2/3高度处有两个把手，近下端两侧焊有两个踏脚板，保证坍落度筒可以稳定操作。

2）捣棒。为直径16mm、长约650mm，并具有半球形端头的钢质圆棒。

3）其他。小铲、木尺、小钢尺、镘刀和钢平板等。

（4）试验步骤。

1）湿润坍落度筒及底板在坍落度筒内壁和底板上应无明水。底板应放置在坚实水平面上，并把筒放在底板中心，然后用脚踩住两边的脚踏板，坍落度筒在装料时应保持固定的位置。

2）把按要求取得的混凝土试样用小铲分3层均匀地装入筒内，使捣实后每层高度为筒高的1/3左右。每层用捣棒插捣25次，插捣应沿螺旋方向由外向中心进行，各次插捣应在截面上均匀分布。插捣筒边混凝土时捣棒可以稍稍倾斜，插捣底层时捣棒应贯穿整个深度，插捣第二层和顶层时，捣棒应插透本层至下一层的表面；浇灌顶层时，混凝土应灌到高出筒口。

插捣过程中，如混凝土沉落到低于筒口，则应随时添加。顶层插捣完后，刮去多余的混凝土，并用抹刀抹平。

3）清除筒边底板上的混凝土后，垂直平稳地提起坍落度筒。坍落度筒的提离过程应在5～10s内完成；从开始装料到提坍落度筒的整个过程应不间断地进行，并应在150s内完成。

4）提起坍落度筒后，测量筒高与坍落后混凝土试体最高点之间的高度差，即为该混凝土拌合物的坍落度值；坍落度筒提离后，如混凝土发生崩坍或一边剪坏现象，则应重新取样另行测定；如第二次试验仍出现上述现象，则表示该混凝土和易性不好，应予记录备查。

5）观察坍落后的混凝土试体的黏聚性及保水性。黏聚性的检查方法是用捣棒在已坍落的混凝土锥体侧面轻轻敲打，此时如果锥体逐渐下沉，则表示黏聚性良好。如果锥体倒塌、部分崩裂或出现离析现象，则表示黏聚性不好。保水性以混凝土拌合物稀浆析出的程度来评定，坍落度筒提起后如有较多的稀浆从底部析出，锥体部分的混凝土也因失浆而骨料外露，则表明此混凝土拌合物的保水性能不好，如坍落度筒提起后无稀浆或仅有少量稀浆自底部析出，则表示此混凝土拌合物保水性良好。

6）当混凝土拌合物的坍落度大于 220mm 时，用钢尺测量混凝土扩展后最终的最大直径和最小直径，在这两个直径之差小于 50mm 的条件下，用其算术平均值作为坍落扩展度值；否则，此次试验无效。

如果发现粗骨料在中央集堆或边缘有水泥浆析出，表示此混凝土拌合物抗离析性不好，应予记录。

（5）结果处理。混凝土拌合物坍落度和坍落扩展度值以 mm 为单位，测量精确至 1mm，结果表达修约至 5mm。

2. 维勃稠度验

（1）试验目的。本方法适用于骨料最大粒径不大于 40mm，维勃稠度在 5～30s 之间的混凝土拌合物稠度测定。坍落度不大于 50mm 或干硬性混凝土和维勃稠度大于 30s 的特干硬性混凝土拌合物的稠度可采用本试验所依标准的附录——增实因数法来测定。

（2）检测依据。按《普通混凝土拌合物性能试验方法标准》（GB/T 50080—2002）进行。

（3）主要试验仪器。维勃稠度仪如图 6.2 所示。

（4）试验步骤。

1）维勃稠度仪应放置在坚实水平面上，用湿布把容器、坍落度筒、喂料斗内壁及其他用具润湿。

2）将喂料斗提到坍落度筒上方扣紧，校正容器位置，使其中心与喂料中心重合，然后拧紧固定螺钉。

图 6.2　维勃稠度仪

3）把按要求取样或制作的混凝土拌合物试样用小铲分 3 层经喂料斗均匀地装入筒内，装料及插捣的方法应符合坍落度法的规定。

4）把喂料斗转离，垂直地提起坍落度筒，此时应注意不使混凝土试体产生横向的扭动。

5）把透明圆盘转到混凝土圆台体顶面，放松测杆螺钉，降下圆盘，使其轻轻接触到混凝土顶面。

6）拧紧定位螺钉，并检查测杆螺钉是否已经完全放松。

7）在开启振动台的同时用秒表计时，当振动到透明圆盘的底面被水泥浆布满的瞬间停止计时，并关闭振动台。

（5）结果处理。由秒表读出时间即为该混凝土拌合物的维勃稠度值，精确至1s。

6.2.5 普通混凝土拌合物表观密度试验

1．试验目的

本方法适用于测定混凝土拌合物捣实后的单位体积质量，是假定表观密度法设计混凝土配合比的参考数据，同时也是确定此方法校正系数的主要依据。通过本实验让学生掌握混凝土表观密度测试的方法。

2．检测依据

按《普通混凝土拌合物性能试验方法标准》（GB/T 50080—2002）进行。

3．主要试验仪器

（1）容量筒。金属制成的圆筒，两旁装有提手。对骨料最大粒径不大于40mm的拌和物采用容积为5L的容量筒，其内径与内高均为186mm±2mm，筒壁厚为3mm；骨料最大粒径大于40mm时，容量筒的内径与内高均应大于骨料最大粒径的4倍。容量筒上缘及内壁应光滑平整，顶面与底面应平行并与圆柱体的轴垂直。

容量筒容积应予以标定，标定方法可采用一块能覆盖住容量筒顶面的玻璃板，先称出玻璃板和空桶的质量，然后向容量筒中灌入清水，当水接近上口时，一边不断加水，一边把玻璃板沿筒口徐徐推入盖严，应注意使玻璃板下不带入任何气泡；然后擦净玻璃板面及筒壁外的水分，将容量筒连同玻璃板放在台秤上称其质量；两次质量之差（kg）即为容量筒的容积（L），如图6.3所示。

图6.3 容量筒　　　　　　　　　图6.4 混凝土振动台

（2）台秤。称量100kg，感量50g。

（3）振动台。频率为50Hz±3Hz，空载振幅为0.5mm±0.1mm，如图6.4所示。

（4）捣棒。直径16mm，长600mm的钢棒，端部应磨圆。

4．试验步骤

（1）用湿布把容量筒内外擦干净，称出容量筒质量，精确至50g。

（2）混凝土的装料及捣实方法应根据拌合物的稠度而定。坍落度不大于70mm的混凝土，用振动台振实为宜；大于 70mm 的用捣棒捣实为宜。采用捣棒捣实时，应根据容量筒的大小决定分层与插捣次数：用 5L 容量筒时，混凝土拌合物应分两层装入，每层的插捣次数应为 25 次；用大于 5L 的容量筒时，每层混凝土的高度不应大于 100mm，每层插捣次数应按每 10000mm² 截面不小于 12 次计算。各次插捣应由边缘向中心均匀地插捣，插捣底层时捣棒应贯穿整个深度，插捣第二层时，捣棒应插透本层至下一层的表面；每一层捣完后用橡皮锤轻轻沿容器外壁敲打 5~10 次，进行振实，直至拌合物表面插捣孔消失并不见大气泡为止。

采用振动台振实时，应一次将混凝土拌合物灌到高出容量筒口。装料时可用捣棒稍加插捣，振动过程中如混凝土低于筒口，应随时添加混凝土，振动直至表面出浆为止。

（3）用刮尺将筒口多余的混凝土拌合物刮去，表面如有凹陷应填平；将容量筒外壁擦净，称出混凝土试样与容量筒总质量，精确至 50g。

5. 结果处理

$$\gamma_h = \frac{W_2 - W_1}{V} \times 1000 \qquad (6.1)$$

式中　γ_h——表观密度，kg/m^3；

　　　W_1——容量筒质量，kg；

　　　W_2——容量筒和试样总质量，kg；

　　　V——容量筒容积，L。

试验结果的计算精确至 $10kg/m^3$。

6.2.6　普通混凝土拌合物凝结时间试验

1. 试验目的

本方法适用于从混凝土拌合物中筛出的砂浆用贯入阻力法来确定坍落度值不为零的混凝土拌合物凝结时间的测定。

2. 检测依据

按《普通混凝土拌合物性能试验方法标准》（GB/T 50080—2002）进行。

3. 主要试验仪器

贯入阻力仪应由加荷装置、测针、砂浆试样筒和标准筛组成，可以是手动的，也可以是自动的（图 6.5）。贯入阻力仪应符合下列要求：

（1）加荷装置。最大测量值应不小于 1000N，精度为 ±10N。

（2）测针。长为 100mm，承压面积为 100mm²、50mm² 和 20mm² 3 种测针；在距贯入端 25mm 处刻有一圈标记。

（3）砂浆试样筒。上口径为 160mm，下口径为 150mm，净高为 150mm，刚性不透水的金属圆筒，并配有盖子。

图 6.5　贯入阻力仪

（4）标准筛。筛孔为 5mm 的符合现行国家标准《试验筛》（GB/T 6005—2008）规定的金属圆孔筛。

4. 试样制备

按要求制备或现场取样的混凝土拌合物试样中，用 5mm 标准筛筛出砂浆，每次应筛净，然后将其拌和均匀。将砂浆一次分别装入 3 个试样筒中，做 3 个试验。取样混凝土坍落度不大于 70mm 的混凝土宜用振动台振实砂浆；取样混凝土坍落度大于 70mm 的宜用捣棒人工捣实。用振动台振实砂浆时，振动应持续到表面出浆为止，不得过振；用捣棒人工捣实时，应沿螺旋方向由外向中心均匀插捣 25 次，然后用橡皮锤轻轻敲打筒壁，直至插捣孔消失为止。振实或插捣后砂浆表面应低于砂浆试样筒口约 10mm；砂浆试样筒应立即加盖。

5. 试验步骤

（1）砂浆试样制备完毕，编号后应置于温度为 20℃±2℃ 的环境中或现场同条件下待试，并在以后的整个测试过程中，环境温度应始终保持 20℃±2℃。现场同条件测试时，应与现场条件保持一致。在整个测试过程中，除在吸取泌水或进行贯入试验外，试样筒应始终加盖。

（2）凝结时间测定从水泥与水接触瞬间开始计时。根据混凝土拌合物的性能，确定测针试验时间，以后每隔 0.5h 测试一次，在临近初、终凝时可增加测定次数。

（3）在每次测试前 2min，将一片 20mm 厚的垫块垫入筒底一侧，使其倾斜，用吸管吸去表面的泌水，吸水后平稳地复原。

（4）测试时将砂浆试样筒置于贯入阻力仪上，测针端部与砂浆表面接触，然后在 10s ±2s 内均匀地使测针贯入砂浆 25mm±2mm 深度，记录贯入压力，精确至 10N；记录测试时间，精确至 1min；记录环境温度，精确至 0.5℃。

（5）各测点的间距应大于测针直径的 2 倍且不小于 15mm，测点与试样筒壁的距离应不小于 25mm。

（6）贯入阻力测试在 0.2～28MPa 之间应至少进行 6 次，直至贯入阻力大于 28MPa 为止。

（7）在测试过程中应根据砂浆凝结状况，适时更换测针，更换测针宜按表 6.1 选用。

表 6.1　　　　　　　　　　测 针 选 用 规 定 表

贯入阻力/MPa	0.2～3.5	3.5～20	20～28
测针面积/mm²	100	50	20

6. 结果处理

（1）贯入阻力应按式（6.2）计算，即

$$F_{PR} = \frac{P}{A} \tag{6.2}$$

式中　F_{PR}——贯入阻力，MPa；

　　　P——贯入压力，N；

A——测针面积，mm^2，计算应精确至 0.1MPa。

（2）凝结时间宜通过线性回归方法确定，是将贯入阻力 F_{PR} 和时间 t 分别取自然对数 $\ln F_{PR}$ 和 $\ln t$，然后把 $\ln F_{PR}$ 当作自变量，$\ln t$ 当作因变量，作线性回归得到回归方程式，即

$$\ln t = A + B\ln F_{PR} \qquad (6.3)$$

式中　t——时间，min；

　　F_{PR}——贯入阻力，MPa；

　　A，B——线性回归系数。

根据式（6.3）求得当贯入阻力为 3.5MPa 时为初凝时间 t_s，贯入阻力为 28MPa 时为终凝时间 t_e：

$$t_s = A + B\ln 3.5, t_e = A + B\ln 28 \qquad (6.4)$$

式中　t_s——初凝时间，min；

　　t_e——终凝时间，min；

　　A、B——线性回归系数。

凝结时间也可用绘图拟合方法确定，是以贯入阻力为纵坐标，经过的时间为横坐标（精确至 1min），绘制山贯入阻力与时间之间的关系曲线，以 3.5MPa 和 28MPa 画两条平行于横坐标的直线，分别与曲线相交的两个交点的横坐标即为混凝土拌合物的初凝和终凝时间。

（3）用 3 个试验结果的初凝和终凝时间的算术平均值作为此次试验的初凝和终凝时间。如果 3 个测值的最大值或最小值中有一个与中间值之差超过中间值的 10%，则以中间值为试验结果；如果最大值和最小值与中间值之差均超过中间值的 10% 时，则此次试验无效。凝结时间用 h：min 表示，并修约至 5min。

7. 操作要点

（1）每次做贯入阻力试验时所对应的环境温度、时间、贯入压力、测针面积和计算出来的贯入阻力值。

（2）根据贯入阻力和时间绘制的关系曲线。

（3）混凝土拌合物的初凝和终凝时间。

6.3　泌水与压力泌水试验

6.3.1　泌水试验

1. 试验目的

本方法适用于骨料最大粒径不大于 40mm 的混凝土拌合物泌水测定。

2. 检测依据

按《普通混凝土拌合物性能试验方法标准》（GB/T 50080—2002）进行。

3. 主要试验仪器

泌水试验所用的仪器设备应符合下列条件：

（1）试样筒。容积为 5L 的容量筒并配有盖子。

（2）台秤。称量为 50kg，感量为 50g。

（3）量筒。容量为 10mL、50mL、100mL 的量筒及吸管。

（4）振动台。符合混凝土试验室用振动台。

（5）捣棒。为直径 16mm，长约 650mm 并具有半球形端头的钢质圆棒。

4. 试验步骤

（1）应用湿布湿润试样筒内壁后立即称量，记录试样筒的质量。再将混凝土试样装入试样筒，混凝土的装料及捣实方法有两种。

1）用振动台振实。将试样一次装入试样筒内，开启振动台，振动应持续到表面出浆为止，且应避免过振；并使混凝土拌合物表面低于试样筒筒口 30mm±3mm，用抹刀抹平后立即计时并称量，记录试样筒与试样的总质量。

2）用捣棒捣实。采用捣棒捣实时，混凝土拌合物应分两层装入，每层的插捣次数应为 25 次；捣棒由边缘向中心均匀地插捣，插捣底层时捣棒应贯穿整个深度，插捣第二层时，捣棒应插透本层至下一层的表面；每一层捣完后用橡皮锤轻轻沿容量外壁敲打 5～10 次，进行振实，直至拌合物表面插捣孔消失且不见大气泡为止；并使混凝土拌合物表面低于试样筒筒口 30mm±3mm，用抹刀抹平。抹平后立即计时并称量，记录试样筒与试样的总质量。

（2）在以下吸取混凝土拌合物表面泌水的整个过程中，应使试样筒保持水平、不受振动；除了吸水操作外，应始终盖好盖子，室温应保持在 20℃±2℃。

（3）从计时开始后 60min 内，每隔 10min 吸取 1 次试样表面渗出的水，60min 后，每隔 30min 吸 1 次水，直至认为不再泌水为止。为了便于吸水，每次吸水前 2min，将一片厚 35mm 的垫块垫入筒底一侧，使其倾斜，吸水后平稳地复原。吸出的水放入量筒中，记录每次吸水的水量并计算累计水量，精确至 1mL。

5. 结果处理

（1）泌水量和泌水率的结果计算及其确定应按下列方法进行，即

$$B_a = \frac{V}{A} \qquad (6.5)$$

式中　B_a——泌水量，mL/mm^2；

　　　V——最后一次吸水后累计的泌水量，mL；

　　　A——试样外露的表面面积，mm^2。

计算应精确至 0.01mL/mm^2。泌水量取 3 个试样测值的平均值。3 个测值中的最大值或最小值如果有一个与中间值之差超过中间值的 15%，则以中间值为试验结果；如果最大值和最小值与中间值之差均超过中间值的 15% 时，则此次试验无效。

（2）泌水率应按式（6.6）计算，即

$$B = \frac{V_W}{(W/G)G_W} \times 100\%, \quad G_W = G_1 - G_0 \qquad (6.6)$$

式中 B——泌水率，%；

  V_w——泌水总量，mL；

  G_w——试样质量，g；

  W——混凝土拌合物总用水量，mL；

  G——混凝土拌合物总质量，g；

  G_0——试样筒及试样总质量，g；

  G_1——试样筒质量，g。

计算应精确至1%。泌水率取3个试样测值的平均值。3个测值中的最大值或最小值，如果有一个与中间值之差超过中间值的15%，则以中间值为试验结果；如果最大值和最小值与中间值之差均超过中间值的15%时，则此次试验无效。

6. 操作要点

混凝土拌合物泌水试验记录及其报告还应包括以下内容：

(1) 混凝土拌合物总用水量和总质量。

(2) 试样筒质量。

(3) 试样筒和试样的总质量。

(4) 每次吸水时间和对应的吸水量。

(5) 泌水量和泌水率。

6.3.2 压力泌水试验

1. 试验目的

本方法适用于骨料最大粒径不大于40mm的混凝土拌合物压力泌水测定。

2. 检测依据

按《普通混凝土拌合物性能试验方法标准》（GB/T 50080—2002）进行。

3. 主要试验仪器

(1) 压力泌水仪。其主要部件包括压力表、缸体、工作活塞、筛网等。压力表最大量程6MPa，最小分度值不大于0.1MPa；缸体内径125mm±0.02mm，内高200mm±0.2mm，

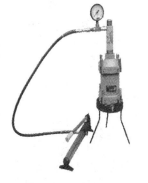

图6.6　压力泌水仪

工作活塞压强为3.2MPa，公称直径为125mm；筛网孔径为0.315mm，如图6.6所示。

(2) 捣棒。符合本试验所用标准坍落度实验的规定。

(3) 量筒。200mL量筒。

4. 试验步骤

(1) 混凝土拌合物应分两层装入压力泌水仪的缸体容器内，每层的插捣次数应为20次，捣棒由边缘向中心均匀地插捣，插捣底层时捣棒应贯穿整个深度，插捣第二层时捣棒应插透本层至下一层的表面；每一层捣完后用橡皮锤轻轻沿容器外壁敲打5～10次，进行振实，直至拌合物表面插捣孔消失且不见大气泡为止；并使拌合物表面低于容器口以下约30mm处用抹刀将表面抹平。

(2) 将容器外表擦干净，压力泌水仪按规定安装完毕后应立即给混凝土试样施加压力

至 3.2MPa，并打开泌水阀门同时开始计时，保持恒压，泌出的水接入 200mL 量筒里；加压至 10s 时读取泌水量 V_{10}，加压至 140s 时读取泌水量 V_{140}。

5. 结果处理

压力泌水率应按式（6.7）计算，即

$$B_V = \frac{V_{10}}{V_{140}} \times 100\%$$ (6.7)

式中　B_V——压力泌水率，%；

　　V_{10}——加压至 10s 时的泌水量，mL；

　　V_{140}——加压至 140s 的泌水量，mL。

压力泌水率的计算应精确至 1%。

6. 操作要点

混凝土拌合物压力泌水试验报告内容除应包括以上内容外还应包括以下内容：

（1）加压至 10s 时的泌水量 V_{10} 和加压至 140s 时的泌水量 V_{140}。

（2）压力泌水率。

6.4　普通混凝土拌合物含气量试验

1. 试验目的

本方法适于骨料最大粒径不大于 40mm 的混凝土拌合物含气量测定。

图 6.7　含气量测定仪

2. 检测依据

按《普通混凝土拌合物性能试验方法标准》（GB/T 50080—2002）进行。

3. 主要试验仪器

含气量试验所用设备应符合下列规定：

（1）含气量测定仪。如图 6.7 所示，它由容器及盖体两部分组成。容器由硬质、不易被水泥浆腐蚀的金属制成，其内表面粗糙度不大于 3.2μm，内径应与深度相等，容积为 7L。盖体用与容器相同的材料制成。盖体部分包括气室、水找平室、加水阀、排水阀、操作阀、进气阀、排气阀及压力表。压力表的量程为 0～0.25MPa，精度为 0.01MPa。容器及盖体之间应设置密封垫圈，用螺栓连接，连接处不得有空气存留，并保证密闭。

（2）捣棒。应符合本标准的坍落度实验的规定。

（3）振动台。应符合混凝土试验室用振动台中技术要求的规定。

（4）台秤。称量 50kg，感量 50g。

（5）橡皮锤。应带有质量约 250g 的橡皮锤头。

4. 试验前准备

在进行拌合物含气量测定之前，应先按下列步骤测定拌合物所用骨料的含气量：

（1）应按式（6.8）和式（6.9）计算每个试样中粗、细骨料的质量，即

$$m_g = \frac{V}{1000} \times m'_g \tag{6.8}$$

$$m_s = \frac{V}{1000} \times m'_s \tag{6.9}$$

式中　m_g，m_s——每个试样中的粗、细骨料质量，kg；

　　　　m'_g，m'_s——每立方米混凝土拌合物中粗、细骨料质量，kg；

　　　　　　V——含气量测定仪容器容积，L。

（2）在容器中先注入 1/3 高度的水，然后把通过 40mm 网筛的质量为 m_g、m_s 的粗、细骨料称好、拌匀，慢慢倒入容器中。水面每升高 25mm 左右，轻轻插捣 10 次，并略予搅动，以排除夹杂进去的空气，加料过程中应始终保持水面高出骨料的顶面；骨料全部加入后应浸泡约 5min，再用橡皮锤轻敲容器外壁，排净气泡，除去水面泡沫，加水至满，擦净容器上口边缘；装好密封圈，加盖拧紧螺栓。

（3）关闭操作阀和排气阀，打开排水阀和加水阀，通过加水阀，向容器内注入水；当排水阀流出的水流不含气泡时，在注水的状态下，同时关闭加水阀和排水阀。

（4）开启进气阀，用气泵向气室内注入空气，使气室内的压力略大于 0.1MPa，待压力表显示值稳定；微开排气阀，调整压力至 0.1MPa，然后关紧排气阀。

（5）开启操作阀，使气室里的压缩空气进入容器，待压力表显示值稳定后记录示值 P_{a1}，然后开启排气阀，压力仪表示值应回零。

（6）重复以上步骤，对容器内的试样再检测一次记录表值 P_{a2}。

（7）若 P_{a1} 和 P_{a2} 的相对误差小于 0.2% 时，则取 P_{a1} 和 P_{a2} 的算术平均值，按压力与含气量关系曲线查得骨料的含气量（精确至 0.1%）；若不满足，则应进行第三次试验。测得压力值 P_{a3}，当 P_{a3} 与 P_{a1}、P_{a2} 中较接近一个值的相对误差不大于 0.2% 时，则取此二值的算术平均值。当仍大于 0.2% 时，则此次试验无效，应重做。

5. 试验步骤

（1）用湿布擦净容器和盖的内表面，装入混凝土拌合物试样。

（2）捣实可采用手工或机械方法。当拌合物坍落度大于 70mm 时，宜采用手工插捣，当拌合物坍落度不大于 70mm 时，宜采用机械振捣，如振动台或振捣器等；用捣棒捣实时，应将混凝土拌合物分 3 层装入，每层捣实后高度约 1/3 容器高度；每层装料后由边缘向中心均匀地插捣 25 次，捣棒应插透本层高度，再用木锤沿容器外壁重击 10～15 次，使插捣留下的插孔填满。最后一层装料应避免过满；采用机械捣实时，一次装入捣实后体积为容器容量的混凝土拌合物，装料时可用捣棒稍加插捣，振实过程中如拌合物低于容器口，应随时添加；振动至混凝土表面平整、表面出浆即止，不得过度振捣；若使用插入式振动器捣实，应避免振动器触及容器内壁和底面；在施工现场测定混凝土拌合物含气量时，应采用与施工振动频率相同的机械方法捣实。

（3）捣实完毕后立即用刮尺刮平，表面如有凹陷应予填平抹光；如需同时测定拌合物表观密度时，可在此时称量和计算；然后在正对操作阀孔的混凝土拌合物表面贴一小片塑料薄膜，擦净容器上口边缘，装好密封垫圈，加盖并拧紧螺栓。

（4）关闭操作阀和排气阀，打开排水阀和加水阀，通过加水阀，向容器内注入水，当排水阀流出的水流不含气泡时，在注水的状态下，同时关闭加水阀和排水阀。

（5）然后开启进气阀，用气泵注入空气至气室内压力略大于 0.1MPa，待压力示值仪表示值稳定后，微微开启排气阀，调整压力至 0.1MPa，关闭排气阀。

（6）开启操作阀，待压力示值仪稳定后，测得压力值 P_{01}（MPa）。

（7）开启排气阀，压力仪示值回零，重复上述（5）～（6）的步骤，对容器内试样再测一次压力值 P_{02}（MPa）。

（8）若 P_{01} 和 P_{02} 的相对误差小于 0.2% 时，则取 P_{01}、P_{02} 的算术平均值，按压力与含气量关系曲线查得含气量 A_0（精确至 0.1%）；若不满足，则应进行第三次试验，测得压力值 P_{03}（MPa）。当 P_{03} 与 P_{01}、P_{02} 中较接近一个值的相对误差不大于 0.2% 时，则取此二值的算术平均值查得 A_0；当仍大于 0.2%，此次试验无效。

6. 试验结果处理

混凝土拌合物含气量应按式（6.10）计算，即

$$A = A_0 - A_g \qquad (6.10)$$

式中　A——混凝土拌合物含气量，%；

　　　A_0——两次含气量测定的平均值，%；

　　　A_g——骨料含气量，%，计算精确至 0.1%。

7. 操作要点

含气量测定包括容器容积的标定及率定。

（1）容器容积的标定按下列步骤进行：

1）擦净容器，并将含气量仪全部安装好，测定含气量仪的总质量，测量精确至 50g。

2）往容器内注水至上缘，然后将盖体安装好，关闭操作阀和排气阀，打开排水阀和加水阀，通过加水阀，向容器内注入水；当排水阀流出的水流不含气泡时，在注水的状态下，同时关闭加水阀和排水阀，再测定其总质量（测量精确至 50g）。

3）容器的容积应按式（6.11）计算，即

$$V = \frac{m_2 - m_1}{\rho_w} \times 1000 \qquad (6.11)$$

式中　V——含气量仪的容积，L；

　　　m_1——干燥含气量仪的总质量，kg；

　　　m_2——水含气量仪的总质量，kg；

　　　ρ_w——容器内水的密度，kg/m³。

计算应精确至 0.01L。

（2）含气量测定仪的率定按下列步骤进行：

1）测含气量为 0 时的压力值。

2）开启排气阀，压力示值器示值回零；关闭操作阀和排气阀，打开排水阀，在排水阀口用量筒接水；用气泵缓缓地向气室内打气，当排出的水恰好是含气量仪体积的 1% 时。按上述步骤测得含气量为 1% 时的压力值。

3）如此继续测取含气量分别为 2%、3%、4%、5%、6%、7%、8% 时的压力值。

4）以上试验均应进行两次，各次所测压力值均应精确至 0.01MPa。

5）对以上的各次试验均应进行检验，其相对误差均应小于 0.2％；否则应重新率定。

6）据此检验以上含气量 0、1％、…、8％共 9 次的测量结果，绘制含气量与气体压力之间的关系曲线。

8. 注意事项

气压法含气量试验报告除上述内容外还应包括以下内容：

（1）粗骨料和细骨料的含气量。

（2）混凝土拌合物的含气量。

6.5 普通混凝土耐久性试验

混凝土抵抗环境介质作用并长期保持其良好的使用性能和外观完整性，从而维持混凝土结构的安全、正常使用的能力称为耐久性。耐久性是一项综合性的指标，主要包括抗渗性、抗冻性、抗侵蚀性、抗碳化性、抗碱－集料反应及混凝土中的钢筋耐锈蚀等性能。

6.5.1 抗冻性试验（慢冻法）

抗冻性指材料在吸水饱和的状态下经历多次冻融循环，保持其原有性质或不显著降低原有性质的能力。

1. 试验目的

本方法适用于测定混凝土试件在气冻水融条件下，以经受的冻融循环次数来表示的混凝土抗冻性能。

2. 检测依据

《普通混凝土长期性能和耐久性能试验方法》（GB/T 50082—2009）试验应采用尺寸为 100mm×100mm×100mm 的立方体试件；试验所需试件组数应符合表 6.2 的规定，每组试块应为 3 块。

表 6.2　　　　　　　　　　　慢冻法试验所需的试件组数

设计抗冻标号	D25	D50	D100	D150	D200	D250	D300	D300 以上
检查强度所需冻融次数	25	50	50 及 100	100 及 150	150 及 200	200 及 250	250 及 300	300 及设计次数
鉴定 28d 强度所需试件组数	1	1	1	1	1	1	1	1
冻融试件组数	1	1	2	2	2	2	2	2
对比试件组数	1	1	2	2	2	2	2	2
总计试件组数	3	3	5	5	5	5	5	5

3. 主要试验仪器

（1）冻融试验箱。应能使试件静止不动，并应通过气冻水融进行冻融循环。在满载运转的条件下，冷冻期间冻融试验箱内空气的温度应能保持在－20～－18℃范围内；融化期间冻融试验箱内浸泡混凝土试件的水温应能保持在18～20℃范围内；满载时冻融试验箱内各点温度极差不应超过2℃，如图6.8所示。

图6.8　混凝土慢冻试验机

（2）采用自动冻融设备时，控制系统还应具有自动控制、数据曲线实时动态显示、断电记忆和试验数据自动存储等功能。

（3）试件架应采用不锈钢或者其他耐腐蚀的材料制作，其尺寸应与冻融试验箱和所装的试件相适应。

（4）称量设备的最大量程应为20kg，感量不应超过5g。

（5）压力试验机应符合现行国家标准《普通混凝土力学性能试验方法标准》（GB/T 50081—2002）的相关要求。

（6）温度传感器。温度检测范围不应小于-26～20℃，测量精度应为±5℃。

4. 试验步骤

（1）在标准养护室内或同条件养护的冻融试验的试件应在养护龄期为24d时提前将试件从养护地点取出，随后应将试件放在20℃±2℃水中浸泡，浸泡时水面应高出试件顶面20～30mm，在水中浸泡的时间应为4d，试件应在28d龄期时开始进行冻融试验。始终在水中养护的冻融试验的试件，当试件养护龄期达到28d时，可直接进行后续试验，对此种情况，应在试验报告中予以说明。

（2）当试件养护龄期达到28d时应及时取出冻融试验的试件，用湿布擦除表面水分后应对外观尺寸进行测量，试件的外观尺寸应满足规范的要求，并应分别编号、称重，然后按编号置入试件架内，且试件架与试件的接触面积不宜超过试件底面的1/5。试件与箱体内壁之间应至少留有20mm的空隙。试件架中各试件之间应至少保持30mm的空隙。

（3）冷冻时间应在冻融箱内温度降至-18℃时开始计算。每次从装完试件到温度降至-18℃所需的时间应在1.5～2.0h内。冻融箱内温度在冷冻时应保持在-20～18℃，每次冻融循环中试件的冷冻时间不应小于4h。

（4）冷冻结束后，应立即加入温度为18～20℃的水，使试件转入融化状态，加水时间不应超过10min。

（5）控制系统应确保在30min内，水温不低于10℃，且在30min后水温能保持在18～20℃。冻融箱内的水面应至少高出试件表面20mm。融化时间不应小于4h。融化完毕视为该次冻融循环结束，可进入下一次冻融循环。

（6）每25次循环宜对冻融试件进行一次外观检查。当出现严重破坏时，应立即进行称重。当一组试件的平均质量损失率超过5%，可停止其冻融循环试验。

（7）试件在达到规范规定的冻融循环次数后，试件应称重并进行外观检查，应详细记录试件表面破损、裂缝及边角缺损情况。当试件表面破损严重时，应先用高强石膏找平，然后进行抗压强度试验。抗压强度试验应符合现行国家标准《普通混凝土力学性能试验方法标准》（GB/T 50081—2002）的相关规定。

（8）当冻融循环因故中断且试件处于冷冻状态时，试件应继续保持冷冻状态，直至恢复冻融试验为止，并应将故障原因及暂停时间在试验结果中注明。当试件处在融化状态下因故中断时，中断时间不应超过两个冻融循环的时间。在整个试验过程中，超过两个冻融循环时间的中断故障次数不得超过两次。

（9）当部分试件由于失效破坏或者停止试验被取出时，应用空白试件填充空位。

（10）对比试件应继续保持原有的养护条件，直到完成冻融循环后，与冻融试验的试件同时进行抗压强度试验。

当冻融循环出现下列 3 种情况之一时，可停止试验：

1）已达到规定的循环次数。

2）抗压强度损失率已达到 25％。

3）质量损失率已达到 5％。

5. 结果处理

（1）强度损失率应按式（6.12）进行计算，即

$$\Delta f_c = \frac{f_{c0} - f_{cn}}{f_{c0}} \times 100\% \tag{6.12}$$

式中　Δf_c——n 次冻融循环后的混凝土抗压强度损失率，％，精确至 0.1；

　　　f_{c0}——对比用的一组混凝土试件的抗压强度测定值，MPa，精确至 0.1MPa；

　　　f_{cn}——经 n 次冻融循环后的一组混凝土试件抗压强度测定值，MPa，精确至 0.1MPa。

（2）f_{c0} 和 f_{cn} 应以 3 个试件抗压强度试验结果的算术平均值作为测定值。当 3 个试件抗压强度最大值或最小值与中间值之差超过中间值的 15％时，应剔除此值，再取其余两值的算术平均值作为测定值；当最大值和最小值均超过中间值的 15％时，应取中间值作为测定值。

（3）单个试件的质量损失率应按式（6.13）计算，即

$$\Delta W_{ni} = \frac{W_{0i} - W_{ni}}{W_{0i}} \times 100\% \tag{6.13}$$

式中　ΔW_{ni}——n 次冻融循环后第 i 个混凝土试件的质量损失率，％，精确至 0.01；

　　　W_{0i}——冻融循环试验前第 i 个混凝土试件的质量，g；

　　　W_{ni}——n 次冻融循环后第 i 个混凝土试件的质量，g。

（4）一组试件的平均质量损失率应按式（6.14）计算，即

$$\Delta W_n = \frac{\sum_{i=1}^{3} \Delta W_{ni}}{3} \times 100\% \tag{6.14}$$

式中　ΔW_n——n 次冻融循环后一组混凝土试件的平均质量损失率，％，精确至 0.1。

（5）每组试件的平均质量损失率应以 3 个试件的质量损失率试验结果的算术平均值作为测定值。当某个试验结果出现负值，应取 0，再取 3 个试件的算术平均值。当 3 个值中的最大值或最小值与中间值之差超过 1％时，应剔除此值，再取其余两值的算术平均值作为测定值；当最大值和最小值与中间值之差均超过 1％时，应取中间值作为测定值。

（6）抗冻标号应以抗压强度损失率不超过 25％或者质量损失率不超过 5％时的最大冻

融循环次数按表 6.2 确定。

6.5.2　抗冻性实验（快冻法）

抗冻性指材料在吸水饱和的状态下经历多次冻融循环，保持其原有性质或不显著降低原有性质的能力。

1. 试验目的

本方法适用于测定混凝土试件在水冻水融条件下，以经受的快速冻融循环次数来表示的混凝土抗冻性能。

2. 检测依据

按《普通混凝土长期性能和耐久性能试验方法》（GB/T 50082—2009）进行，快冻法抗冻试验应采用尺寸为 100mm×100mm×400mm 的棱柱体试件，每组试件应为 3 块。

3. 主要试验仪器

（1）试件盒。宜采用具有弹性的橡胶材料制作，其内表面底部应有半径为 3mm 橡胶突起部分。盒内加水后水面应至少高出试件顶面 5mm。试件盒横截面尺寸宜为 115mm×115mm，试件盒长度宜为 500mm，如图 6.9 所示。

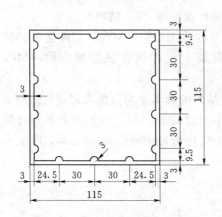

图 6.9　橡胶试件盒横截面示意图（单位：mm）　　图 6.10　混凝土动弹性模量测定仪

（2）快速冻融装置应符合现行行业标准《混凝土抗冻试验设备》（JG/T 243—2009）的规定。除应在测温试件中埋设温度传感器外，尚应在冻融箱内防冻液中心、中心与任何一个对角线的两端分别设有温度传感器。运转时冻融箱内防冻液各点温度的极差不得超过 2℃。

（3）称量设备的最大量程应为 20kg，感量不应超过 5g。

（4）混凝土动弹性模量测定仪应符合规范规定，如图 6.10 所示。

（5）温度传感器（包括热电偶、电位差计等）应在−20～20℃范围内测定试件中心温度，且测量精度应为±0.5℃。

4. 试验步骤

（1）在标准养护室内或同条件养护的试件应在养护龄期为 24d 时提前将冻融试验的试件从养护地点取出，随后应将冻融试件放在 20℃±2℃水中浸泡，浸泡时水面应高出试件顶面 20～30mm。在水中浸泡时间应为 4d，试件应在 28d 龄期时开始进行冻融试验。始终在水中养护的试件，当试件养护龄期达到28d时，可直接进行后续试验。对此种情况，应在试验报告中予以说明。

（2）当试件养护龄期达到28d时应及时取出试件，用湿布擦除表面水分后应对外观尺寸进行测量，试件的外观尺寸应满足规范的要求，并应编号、称量试件初始质量 W_{oi}；然后应按相关规定测定其横向基频的初始值 f_{oi}。

（3）将试件放入试件盒内，试件应位于试件盒中心，然后将试件盒放入冻融箱内的试件架中，并向试件盒中注入清水。在整个试验过程中，盒内水位高度应始终保持至少高出试件顶面5mm。

（4）测温试件盒应放在冻融箱的中心位置。

（5）冻融循环过程应符合下列规定：

1）每次冻融循环应在2～4h内完成，且用于融化的时间不得少于整个冻融循环时间的1/4。

2）在冷冻和融化过程中，试件中心最低和最高温度应分别控制在−18℃±2℃和5℃±2℃内。在任意时刻，试件中心温度不得高于7℃，且不得低于−20℃。

3）每块试件从3℃降至−16℃所用的时间不得少于冷冻时间的1/2；每块试件从−16℃升至3℃所用时间不得少于整个融化时间的1/2，试件内外的温差不宜超过28℃。

4）冷冻和融化之间的转换时间不宜超过10min。

（6）每隔25次冻融循环宜测量试件的横向基频。测量前应先将试件表面浮渣清洗干净并擦干表面水分，然后应检查其外部损伤，并称量试件的质量 W_r。随后应按规范规定的方法测量横向基频。测完后，应迅速将试件调头重新装入试件盒内并加入清水，继续试验。试件的测量、称量及外观检查应迅速，待测试件应用湿布覆盖。

（7）当有试件停止试验被取出时，应另用其他试件填充空位。

当试件在冷冻状态下因故中断时，试件应保持在冷冻状态，直至恢复冻融试验为止，并应将故障原因及暂停时间在试验结果中注明。试件在非冷冻状态下发生故障的时间不宜超过两个冻融循环的时间。在整个试验过程中，超过两个冻融循环时间的中断故障次数不得超过两次。

（8）当冻融循环出现下列情况之一时，可停止试验：

1）达到规定的冻融循环次数。

2）试件的相对动弹性模量下降到60％。

3）试件的质量损失率达5％。

5. 结果处理

（1）相对动弹性模量应按式（6.15）计算，即

$$P_i = \frac{f_{ni}^2}{f_{oi}^2} \times 100\% \qquad (6.15)$$

式中　P_i——经 n 次冻融循环后第 i 个混凝土试件的相对动弹性模量，％，精确至0.1；

　　　f_{ni}——经 n 次冻融循环后第 i 个混凝土试件的横向基频，Hz；

　　　f_{oi}——冻融循环试验前第 i 个混凝土试件横向基频初始值，Hz。

$$P = \frac{1}{3} \sum_{i=1}^{3} P_i \qquad (6.16)$$

式中　P——经 n 次冻融循环后一组混凝土试件的相对动弹性模量，％，精确至 0.1。

相对动弹性模量 P 应以 3 个试件试验结果的算术平均值作为测定值。当最大值或最小值与中间值之差超过中间值的 15％时，应剔除此值，并应取其余两值的算术平均值作为测定值；当最大值和最小值与中间值之差均超过中间值的 15％时，应取中间值作为测定值。

（2）单个试件的质量损失率应按式（6.17）计算，即

$$\Delta W_{ni} = \frac{W_{0i} - W_{ni}}{W_{0i}} \times 100\% \tag{6.17}$$

式中　ΔW_{ni}——n 次冻融循环后第 i 个混凝土试件的质量损失率，％，精确至 0.01；

　　　W_{0i}——冻融循环试验前第 i 个混凝土试件的质量，g；

　　　W_{ni}——n 次冻融循环后第 i 个混凝土试件的质量，g。

（3）一组试件的平均质量损失率应按式（6.18）计算，即

$$\Delta W_n = \frac{\sum_{i=1}^{3} \Delta W_{ni}}{3} \times 100\% \tag{6.18}$$

式中　ΔW_n——n 次冻融循环后一组混凝土试件的平均质量损失率，％，精确至 0.1。

（4）每组试件的平均质量损失率应以 3 个试件的质量损失率试验结果的算术平均值作为测定值。当某个试验结果出现负值，应取 0，再取 3 个试件的平均值。当 3 个值中的最大值或最小值与中间值之差超过 1％时，应剔除此值，并应取其余两值的算术平均值作为测定值；当最大值和最小值与中间值之差均超过 1％时，应取中间值作为测定值。

（5）混凝土抗冻等级应以相对动弹性模量下降至不低于 60％或者质量损失率不超过 5％时的最大冻融循环次数来确定，并用符号 F 表示。

6.5.3　抗冻性试验（单面冻融法）

抗冻性指材料在吸水饱和的状态下经历多次冻融循环，保持其原有性质或不显著降低原有性质的能力。

1. 试验目的

单面冻融法又称为盐冻法。本方法适用于测定混凝土试件在大气环境中且与盐接触的条件下，以能够经受的冻融循环次数或者表面剥落质量或超声波相对动弹性模量来表示的混凝土抗冻性能。

2. 检测依据

按《普通混凝土长期性能和耐久性能试验方法》（GB/T 50082—2009）进行。单面冻融法抗冻试验应采用 150mm×150mm×150mm 的立方体试件。

3. 主要试验仪器

（1）试验环境条件应满足下列要求：

1）温度 20℃±2℃。

2）相对湿度 65％±5％。

（2）顶部有盖的试件盒（图 6.11）应采用不锈钢制成，容器内的长度应为 250mm±1mm，宽度应为 200mm±1mm，高度应为 120mm±1mm。容器底部应安置高为 5mm±0.1mm

不吸水、浸水不变形且在试验过程中不得影响溶液组分的非金属三角垫条或支撑。

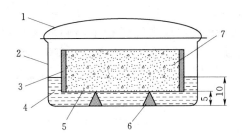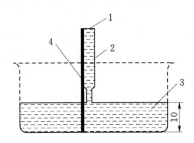

图 6.11　试件盒示意图（单位：mm）　　　　图 6.12　液面调整装置示意图（单位：mm）

1—盖子；2—盒体；3—侧向封闭；4—试验液体；　　　　1—吸水装置；2—毛细吸管；3—试验液体；

5—试验表面；6—垫条；7—试件　　　　　　　　　　4—定位控制装置

（3）液面调整装置（图 6.12）应由一支吸水管和使液面与试件盒底部间的距离保持在一定范围内的液面自动定位控制装置组成，在使用时，液面调整装置应使液面高度保持在 10mm±1mm 内。

（4）单面冻融试验箱（图 6.13）应符合现行行业标准《混凝土抗冻试验设备》（JG/T 243—2009）的规定，试件盒应固定在单面冻融试验箱内，并应自动地按规定的冻融循环制度进行冻融循环。冻融循环制度（图 6.14）的温度应从 20℃ 开始，并应以 10℃±1℃/h 的速度均匀地降至 −20℃±1℃，且应维持 3h；然后从 −20℃ 开始，以 10℃±1℃/h 的速度均匀地升至 20℃±1℃，且应维持 1h。

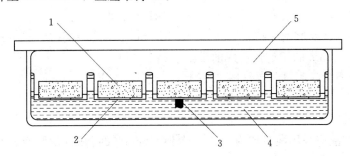

图 6.13　单面冻融试验箱示意图

1—试件；2—试件盒；3—测温度点（参考点）；4—制冷液体；5—空气隔热层

（5）试件盒的底部浸入冷冻液中的深度应为 15mm±2mm。单面冻融试验箱内应装有可将冷冻液和试件盒上部空间隔开的装置和固定的温度传感器，温度传感器应装在 50mm×6mm×6mm 的矩形容器内。温度传感器在 0℃ 时的测量精度不应低于 ±0.05℃，在冷冻液中测温的时间间隔应为 6.3s±0.8s。单面冻融试验箱内温度控制精度应为 ±0.5℃，当满载运转时，

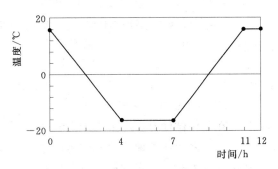

图 6.14　冻融循环制度

单面冻融试验箱内各点之间的最大温差不得超过1℃。单面冻融试验箱连续工作时间不应少于28d。

（6）超声浴槽中超声发生器的功率应为250W，双半波运行下高频峰值功率应为450W，频率应为35kHz。超声浴槽的尺寸应使试件盒与超声浴槽之间无机械接触地置于其中，试件盒在超声浴槽的位置应符合图6.15的规定，且试件盒和超声浴槽底部的距离不应小于15mm。

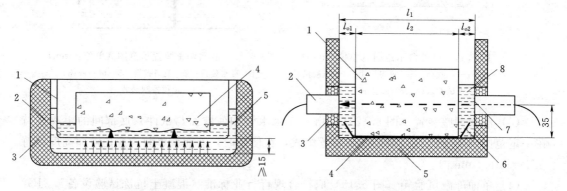

图6.15　试件盒在超声浴槽中的
位置示意图（单位：mm）
1—试件盒；2—试验液体；3—超声浴槽；4—试件；
5—水部的距离，不应小于15mm

图6.16　超声传播时间测量装置（单位：mm）
1—试件；2—超声传感器（或称探头）；3—密封层；
4—测试面；5—超声容器；6—不锈钢盘；
7—超声传播轴；8—试验溶液

（7）超声波测试仪的频率范围应在50～150kHz之间。

（8）不锈钢盘（或称剥落物收集器）应由厚1mm、面积不小于110mm×150mm、边缘翘起为10mm±2mm的不锈钢制成的带把手钢盘。

（9）超声传播时间测量装置（图6.16）应由长和宽均为160mm±1mm、高为80mm±1mm的有机玻璃制成。超声传感器应安置在该装置两侧相对的位置上，且超声传感器轴线距试件的测试面的距离应为35mm。

（10）试验溶液应采用质量比为97％的蒸馏水和3％的NaCl配制而成的盐溶液。

（11）烘箱温度应为110℃±5℃。

（12）应采用最大量程分别为10kg和5kg、感量分别为0.1g和0.01的称量设备各一台。

（13）游标卡尺的量程不应小于300mm，精度应为±0.1mm。

（14）成型混凝土试件应采用150mm×150mm×150mm的立方体试模，并附加尺寸为150mm×150mm×2mm聚四氟乙烯片。

（15）密封材料应为涂异丁橡胶的铝箔或环氧树脂。密封材料应采用在−20℃和盐侵蚀条件下仍保持原有性能，且在达到最低温度时不得表现为脆性的材料。

4．试件制作应符合的规定

（1）在制作试件时，应采用150mm×150mm×150mm的立方体试模，应在模具中间垂直插入一片聚四氟乙烯片，使试模均分为两部分，聚四氟乙烯片不得涂抹任何脱模剂。当骨料尺寸较大时，应在试模的两内侧各放一片聚四氟乙烯片，但骨料的最大粒径不得大于超声波最小传播距离的1/3。应将接触聚四氟乙烯片的面作为测试面。

（2）试件成型后，应先在空气中带模养护24h±2h，然后将试件脱模并放在20℃±2℃的水中养护至7d龄期。当试件的强度较低时，带模养护的时间可延长，在20℃±2℃的水中的养护时间应相应缩短。

（3）当试件在水中养护至7d龄期后，应对试件进行切割。试件切割位置应符合图6.17的规定。首先应将试件的成型面切去，试件的高度应为110mm。然后将试件从中间的聚四氟乙烯片分开成两个试件，每个试件的尺寸应为150mm×110mm×70mm，偏差应为±2mm。切割完成后，应将试件放置在空气中养护。对于切割后的试件与标准试件的尺寸有偏差的，应在报告中注明。非标准试件的测试表面边长不应小于90mm；对于形状不规则的试件，其测试表面大小应能保证内切一个直径为90mm的圆，试件的长高比不应大于3。

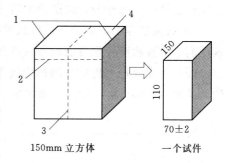

图6.17　试件切割位置示意图
（单位：mm）

1—聚四氟乙烯片（测试面）；2，3—切割线；
4—成型面

（4）每组试件的数量不应少于5个，且总的测试面积不得小于0.08m²。

5. 试验步骤

（1）到达规定养护龄期的试件应放在温度为20℃±2℃、相对湿度为65%±5%的实验室中干燥至28d龄期。干燥时试件应侧立并应相互间隔50mm。

（2）在试件干燥至28d龄期前的2～4d，除测试面和与测试面相平行的顶面外，其他侧面应采用环氧树脂或其他满足相关要求的密封材料进行密封。密封前应对试件侧面进行清洁处理。在密封过程中，试件应保持清洁和干燥，并应测量和记录试件密封前后的质量W_0和W_1，精确至0.1g。

（3）密封好的试件应放置在试件盒中，并应使测试面向下接触垫条，试件与试件盒侧壁之间的空隙应为30mm±2mm。向试件盒中加入试验液体并不得溅湿试件顶面。试验液体的液面高度应由液面调整装置调整为10mm±1mm。加入试验液体后，应盖上试件盒的盖子，并应记录加入试验液体的时间。试件预吸水时间应持续7d，试验温度应保持为20℃±2℃。预吸水期间应定期检查试验液体高度，并应始终保持试验液体高度满足10mm±1mm的要求。试件预吸水过程中应每隔2～3d测量试件的质量，精确至0.1g。

（4）当试件预吸水结束之后，应采用超声波测试仪测定试件的超声传播时间初始值t_0，精确至0.1μs。在每个试件测试开始前，应对超声波测试仪器进行校正。

超声传播时间初始值的测量应符合以下规定：

1）首先应迅速将试件从试件盒中取出，并以测试面向下的方向将试件放置在不锈钢盘上，然后将试件连同不锈钢盘一起放入超声传播时间测量装置中，超声传感器的探头中心与试件测试面之间的距离应为35mm。应向超声传播时间测量装置中加入试验溶液作为耦合剂，且液面应高于超声传感器探头10mm，但不应超过试件上表面。

2）每个试件的超声传播时间应通过测量离测试面35mm的两条相互垂直的传播轴得到。可通过细微调整试件位置，使测量的传播时间最小，以此确定试件的最终测量位置，并应标记这些位置作为后续试验中定位时采用。

3）试验过程中，应始终保持试件和耦合剂的温度为20℃±2℃，防止试件的上表面被湿润。排除超声传感器表面和试件两侧的气泡，并应保护试件的密封材料不受损伤。

（5）将完成超声传播时间初始值测量的试件按相关要求重新装入试件盒中，试验溶液的高度应为10mm±1mm。在整个试验过程中应随时检查试件盒中的液面高度，并对液面进行及时调整。将装有试件的试件盒放置在单面冻融试验箱的托架上，当全部试件盒放入单面冻融试验箱中后，应确保试件盒浸泡在冷冻液中的深度为15mm±2mm，且试件盒在单面冻融试验箱的位置符合图6.18的规定。在冻融循环试验前，应采用超声浴方法将试件表面的疏松颗粒和物质清除，清除之物应作为废弃物处理。

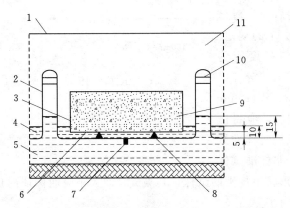

图6.18　试件盒在单面冻融试验箱中的位置
示意图（单位：mm）
1—试验机盖；2—相邻试件盒；3—侧向密封层；4—试验液体；
5—制冷液体；6—测试面；7—测温度点（参考点）；8—垫条；
9—试件；10—托架；11—隔热空气层

（6）在进行单面冻融试验时，应去掉试件盒的盖子。冻融循环过程宜连续不断地进行。当冻融循环过程被打断时，应将试件保存在试件盒中，并应保持试验液体的高度。

（7）每4个冻融循环应对试件的剥落物、吸水率、超声波相对传播时间和超声波相对动弹性模量进行一次测量。上述参数测量应在20℃±2℃的恒温室中进行。当测量过程被打断时，应将试件保存在盛有试验液体的试验容器中。

（8）试件的剥落物、吸水率、超声波相对传播时间和超声波相对动弹性模量的测量应按下列步骤进行：

1）先将试件盒从单面冻融试验箱中取出，并放置到超声浴槽中，应使试件的测试面朝下，并应对浸泡在试验液体中的试件进行超声浴3min。

2）用超声浴方法处理完试件剥落物后，应立即将试件从试件盒中拿起，并垂直放置在一吸水物表面上。待测试面液体流尽后，应将试件放置在不锈钢盘中，且应使测试面向下。用干毛巾将试件侧面和上表面的水擦干净后，应将试件从钢盘中拿开，并将钢盘放置在天平上归零，再将试件放回到不锈钢盘中进行称量。应记录此时试件的质量W_n，精确至0.1g。

3）称量后应将试件与不锈钢盘一起放置在超声传播时间测量装置中，并应按测量超声传播时间初始值相同的方法测定此时试件的超声传播时间t_n，精确至0.1μs。

4）测量完试件的超声传播时间后，应重新将试件放入另一个试件盒中，并应按上述要求进行下一个冻融循环。

5）将试件重新放入试件盒以后，应及时将超声波测试过程中掉落到不锈钢盘中的剥落物收集到试件盒中，并用滤纸过滤留在试件盒中的剥落物。过滤前应先称量滤纸的质量$μ_f$；然后将过滤后含有全部剥落物的滤纸置在110℃±5℃的烘箱中烘干24h，并在温度为

$20℃±2℃$、相对湿度为 $60\%±5\%$ 的实验室中冷却 $60min±5min$。冷却后应称量烘干后滤纸和剥落物的总质量 μ_b，精确至 $0.01g$。

（9）当冻融循环出现下列情况之一时，可停止试验，并应以经受的冻融循环次数或者单位表面面积剥落物总质量或超声波相对动弹性模量来表示混凝土抗冻性能：

1）达到 28 次冻融循环时。

2）试件单位表面面积剥落物总质量大于 $1500g/m^2$ 时。

3）试件的超声波相对动弹性模量降低到 80% 时。

6. 试验结果处理

（1）试件表面剥落物的质量 μ_s 应按式（6.19）计算，即

$$\mu_s = \mu_b - \mu_f \tag{6.19}$$

式中　μ_s——试件表面剥落物的质量，g，精确至 $0.01g$；

$\quad\quad\mu_f$——滤纸的质量，g，精确至 $0.01g$；

$\quad\quad\mu_b$——干燥后滤纸与试件剥落物的总质量，g，精确至 $0.01g$。

（2）n 次冻融循环之后，单个试件单位测试表面面积剥落物总质量应按式（6.20）进行计算，即

$$m_n = \frac{\sum \mu_s}{A} \times 10^6 \tag{6.20}$$

式中　m_n——n 次冻融循环后，单个试件单位测试表面面积剥落物总质量，g/m^2；

$\quad\quad\mu_s$——每次测试间隙得到的试件剥落物质量，g，精确至 $0.01g$；

$\quad\quad A$——单个试件测试表面的表面积，mm^2。

（3）每组应取 5 个试件单位测试表面面积上剥落物总质量计算值的算术平均值作为该组试件单位测试表面面积上剥落物总质量测定值。

（4）经 n 次冻融循环后试件相对质量增长 Δw_n（或吸水率）应按式（6.21）计算，即

$$\Delta w_n = \frac{w_n - w_1 + \sum \mu_s}{w_0} \times 100\% \tag{6.21}$$

式中　Δw_n——经 n 次冻融循环后，每个试件的吸水率，$\%$，精确至 0.1；

$\quad\quad\mu_s$——每次测试间隙得到的试件剥落物质量，g，精确至 $0.01g$；

$\quad\quad w_0$——试件密封前干燥状态的净质量（不包括侧面密封物的质量），g，精确至 $0.1g$；

$\quad\quad w_n$——经 n 次冻融循环后，试件的质量（包括侧面密封物），g，精确至 $0.1g$；

$\quad\quad w_1$——密封后饱水之前试件的质量（包括侧面密封物），g，精确至 $0.1g$。

（5）每组应取 5 个试件吸水率计算值的算术平均值作为该组试件的吸水率测定值。

（6）超声波相对传播时间和相对动弹性模量应按下列方法计算。

1）超声波在耦合剂中的传播时间 t_c 应按式（6.22）计算，即

$$t_c = \frac{l_c}{v_c} \tag{6.22}$$

式中　t_c——超声波在耦合剂中的传播时间，μs，精确至 $0.1\mu s$；

$\quad\quad l_c$——超声波在耦合剂中传播的长度（$l_{c1} + l_{c2}$），mm。应由超声探头之间的距离和

测试试件的长度的差值决定；

v_c——超声波在耦合剂中传播的速度，km/s，v_c 可利用超声波在水中的传播速度来假定，在温度为 20℃±5℃时，超声波在耦合剂中传播的速度为 1440m/s（或 1.440km/s）。

2）经 n 次冻融循环之后，每个试件传播轴线上传播时间的相对变化 τ_n 应按式（6.23）计算，即

$$\tau_n = \frac{t_0 - t_c}{t_n - t_c} \times 100\%$$ (6.23)

式中 τ_n——试件的超声波相对传播时间，%，精确至 0.1；

t_0——在预吸水后第一次冻融之前，超声波在试件和耦合剂中的总传播时间，即超声波传播时间初始值，μs；

t_n——经 n 次冻融循环之后超声波在试件和耦合剂中的总传播时间，μs。

3）在计算每个试件的超声波相对传播时间时，应以两个轴的超声波相对传播时间的算术平均值作为该试件的超声波相对传播时间测定值。每组应取 5 个试件超声波相对传播时间计算值的算术平均值作为该组试件超声波相对传播时间的测定值。

4）经 n 次冻融循环之后，试件的超声波相对动弹性模量 $R_{u,n}$ 应按式（6.24）计算，即

$$R_{u,n} = \tau_n^2 \times 100\%$$ (6.24)

式中 $R_{u,n}$——试件的超声波相对动弹性模量，%，精确至 0.1。

5）在计算每个试件的超声波相对动弹性模量时，应先分别计算两个相互垂直的传播轴上的超声波相对动弹性模量，并应取两个轴的超声波相对动弹性模量的算术平均值作为该试件的超声波相对动弹性模量测定值。每组应取 5 个试件超声波相对动弹性模量计算值的算术平均值作为该组试件的超声波相对动弹性模量值测定值。

6.5.4 混凝土动弹性模量试验

1. 试验目的

本方法适用于采用共振法测定混凝土的动弹性模量。

2. 试验依据

按《普通混凝土拌合物性能试验方法标准》（GB/T 50080—2002）进行，动弹性模量试验应采用尺寸为 100mm×100mm×400mm 的棱柱体试件。

3. 主要试验仪器

（1）共振法混凝土动弹性模量测定仪（又称共振仪）的输出频率可调范围应为 100～20000Hz，输出功率应能使试件产生受迫振动。

（2）试件支承体应采用厚度约为 20mm 的泡沫塑料垫，宜采用表观密度为 16～18kg/m 的聚苯板。

（3）称量设备的最大量程应为 20kg，感量不应超过 5g。

4. 试验步骤

（1）首先应测定试件的质量和尺寸。试件质量应精确至 0.01kg，尺寸的测量应精确至 1mm。

（2）测定完试件的质量和尺寸后，应将试件放置在支承体中心位置，成型面应向上，并应将激振换能器的测杆轻轻地压在试件长边侧面中线的 1/2 处，接收换能器的测杆轻轻地压在试件长边侧面中线距端面 5mm 处。在测杆接触试件前，宜在测杆与试件接触面涂一薄层黄油或凡士林作为耦合介质，测杆压力的大小应以不出现噪声为准。采用的动弹性模量测定仪各部件连接和相对位置应符合图 6.19 的规定。

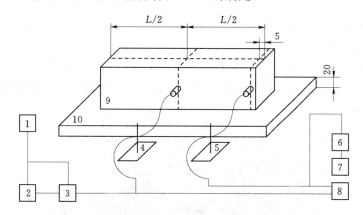

图 6.19　各部件连接和相对位置示意图

1—振荡器；2—频率计；3—放大器；4—激振换能器；5—接收换能器；
6—放大器；7—电表；8—示波器；9—试件；10—试件支承体

（3）放置好测杆后，应先调整共振仪的激振功率和接收增益旋钮至适当位置，然后变换激振频率，并应注意观察指示电表的指针偏转。当指针偏转为最大时，表示试件达到共振状态，应以这时所显示的共振频率作为试件的基频振动频率。每一测量应重复测读两次以上，当两次连续测值之差不超过两个测值的算术平均值的 0.5% 时，应取这两个测值的算术平均值作为该试件的基频振动频率。

（4）当用示波器作显示的仪器时，示波器的图形调成一个正圆时的频率应为共振频率。在测试过程中，当发现两个以上峰值时，应将接收换能器移至距试件端部 0.224 倍试件长处，当指示电表示值为零时，应将其作为真实的共振峰值。

5. 结果处理

（1）动弹性模量应按式（6.25）计算，即

$$E_d = 13.244 \times 10^{-4} \times WL^3 f^2 / a^4 \qquad (6.25)$$

式中　E_d——混凝土动弹性模量，MPa；

　　　a——正方形截面试件的边长，mm；

　　　L——试件的长度，mm；

　　　W——试件的质量，kg，精确到 0.01kg；

　　　f——试件横向振动时的基频振动频率，Hz。

（2）每组应以 3 个试件动弹性模量的试验结果的算术平均值作为测定值，计算应精确至 100MPa。

6.5.5 抗水渗透性试验（渗水高度法）

1. 试验目的

本方法适用于以测定硬化混凝土在恒定水压力下的平均渗水高度来表示的混凝土抗水渗透性能。

2. 检测依据

按《普通混凝土拌合物性能试验方法标准》（GB/T 50080—2002）进行。

3. 主要试验仪器

（1）混凝土抗渗仪（图 6.20）应符合现行行业标准《混凝土抗渗仪》（JG/T 249—2009）的规定，并应能使水压按规定的制度稳定地作用在试件上。抗渗仪施加水压力范围应为 0.1～2.0MPa。

图 6.20 混凝土抗渗仪

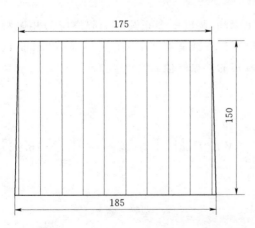

图 6.21 梯形板示意图（单位：mm）

（2）试模应采用上口内部直径为 175mm、下口内部直径为 185mm 和高度为 150mm 的圆台体。

（3）密封材料宜用石蜡加松香或水泥加黄油等材料，也可采用橡胶套等其他有效密封材料。

（4）梯形板（图 6.21）应采用尺寸为 200mm×200mm 透明材料制成，并应画有 10 条等间距、垂直于梯形底线的直线。

（5）钢尺的分度值应为 1mm。

（6）钟表的分度值应为 1min。

（7）辅助设备应包括螺旋加压器、烘干箱、电炉、浅盘、铁锅和钢丝刷等。

（8）安装试件的加压设备可为螺旋加压或其他加压形式，其压力应能保证将试件压入试件套内。

4. 试验步骤

（1）应先按《普通混凝土配合比设计规程》（JGJ 55—2011）中规定的方法进行试件的制作和养护。抗水渗透试验应以 6 个试件为一组。

（2）试件拆模后，应用钢丝刷刷去两端面的水泥浆膜，并应立即将试件送入标准养护室进行养护。

（3）抗水渗透试验的龄期宜为 28d。应在到达试验龄期的前一天从养护室取出试件，并擦拭干净。待试件表面晾干后，应按下列方法进行试件密封：

1）当用石蜡密封时，应在试件侧面裹涂一层熔化的内加少量松香的石蜡。然后应用螺旋加压器将试件压入经过烘箱或电炉预热过的试模中，使试件与试模底平齐，并应在试模变冷后解除压力。试模的预热温度应以石蜡接触试模，即缓慢熔化，但不流淌为准。

2）用水泥加黄油密封时，其质量比应为（2.5～3）：1。应用三角刀将密封材料均匀地刮涂在试件侧面上，厚度应为 1～2mm。应套上试模并将试件压入，应使试件与试模底齐平。

3）试件密封也可以采用其他更可靠的密封方式。

（4）试件准备好之后，启动抗渗仪，并开通 6 个试位下的阀门，使水从 6 个孔中渗出，水应充满试位坑，在关闭 6 个试位下的阀门后应将密封好的试件安装在抗渗仪上。

（5）试件安装好以后，应立即开通 6 个试位下的阀门，使水压在 24h 内恒定控制在 1.2MPa±0.05MPa，且加压过程不应大于 5min，应以达到稳定压力的时间作为试验记录起始时间（精确至 1min）。在稳压过程中随时观察试件端面的渗水情况，当有某一个试件端面出现渗水时，应停止该试件的试验并应记录时间，并以试件的高度作为该试件的渗水高度。对于试件端面未出现渗水的情况，应在试验 24h 后停止试验，并及时取出试件。在试验过程中，当发现水从试件周边渗出时，应重新进行密封。

（6）将从抗渗仪上取出来的试件放在压力机上，并应在试件上、下两端面中心处沿直径方向各放一根直径为 6mm 的钢垫条，并应确保它们在同一竖直平面内。然后开动压力机，将试件沿纵断面劈裂为两半。试件劈开后，应用防水笔描出水痕。

（7）应将梯形板放在试件劈裂面上，并用钢尺沿水痕等间距量测 10 个测点的渗水高度值，读数应精确至 1mm。当读数时若遇到某测点被骨料阻挡，可以靠近骨料两端的渗水高度算术平均值来作为该测点的渗水高度。

5. 试验结果处理

（1）试件渗水高度应按式（6.26）进行计算，即

$$\bar{h}_i = \frac{1}{10}\sum_{j=1}^{10} h_{ij} \tag{6.26}$$

式中　h_{ij}——第 i 个试件第 j 个测点处的渗水高度，mm；

　　　$\bar{h}_i$——第 i 个试件的平均渗水高度，mm，应以 10 个测点渗水高度的平均值作为该试件渗水高度的测定值。

（2）一组试件的平均渗水高度应按式（6.27）进行计算，即

$$\bar{h} = \frac{1}{6} \sum_{i=1}^{6} \overline{h_i} \qquad\qquad (6.27)$$

式中 $\bar{h}$——一组 6 个试件的平均渗水高度，mm，应以一组 6 个试件渗水高度的算术平均值作为该组试件渗水高度的测定值。

6.5.6 抗渗性试验（逐级加压法）

1. 试验目的

本方法适用于通过逐级施加水压力来测定以抗渗等级来表示的混凝土的抗水渗透性能。

2. 试验依据

按《普通混凝土拌合物性能试验方法标准》（GB/T 50080—2002）进行。

3. 主要试验仪器

主要试验仪器同渗水高度法。

4. 试验步骤

（1）首先应按规定进行试件的密封和安装。

（2）试验时，水压应从 0.1MPa 开始，以后应每隔 8h 增加 0.1MPa 水压，并应随时观察试件端面渗水情况。当 6 个试件中有 3 个试件表面出现渗水时，或加至规定压力（设计抗渗等级）在 8h 内 6 个试件中表面渗水试件少于 3 个时，可停止试验，并记下此时的水压力。在试验过程中，当发现水从试件周边渗出时，应按规定重新进行密封。

5. 试验结果处理

混凝土的抗渗等级应以每组 6 个试件中有 4 个试件未出现渗水时的最大水压力乘以 10 来确定。混凝土的抗渗等级应按式（6.28）计算，即

$$P = 10H - 1 \qquad\qquad (6.28)$$

式中 P——混凝土抗渗等级；

H——6 个试件中有 3 个试件渗水时的水压力，MPa。

6.5.7 抗氯离子渗透试验［快速氮离子迁移系数法（或称 RCM 法）］

1. 试验目的

本方法适用于以测定氯离子在混凝土中非稳态迁移的迁移系数来确定混凝土抗氯离子渗透性能。

2. 试验依据

按《普通混凝土长期性能和耐久性能试验方法》（GB/T 50082—2009）进行。

3. 主要试验仪器

（1）试剂应符合下列规定：

1）溶剂应采用蒸馏水或去离子水。

2）氢氧化钠应为化学纯。

3）氯化钠应为化学纯。

4）硝酸银应为化学纯。

5）氢氧化钙应为化学纯。

（2）仪器设备应符合下列规定：

1）切割试件的设备应采用水冷式金刚石锯或碳化硅锯。

2）真空容器应至少能够容纳 3 个试件。

3）真空泵应能保持容器内的气压处于 1～5kPa 范围内。

4）RCM 试验装置（图 6.22）采用的有机硅橡胶套的内径和外径应分别为 100mm 和 115mm，长度应为 150mm。夹具应采用不锈钢环箍，其直径范围应为 105～115mm、宽度应为 20mm。阴极试验槽可采用尺寸为 370mm×270mm×280mm 的塑料箱。阴极板应采用厚度为 0.5mm±0.1mm、直径不小于 100mm 的不锈钢板。阳极板应采用厚度为 0.5mm、直径为 98mm±1mm 的不锈钢网或带孔的不锈钢板。支架应由硬塑料板制成。处于试件和阴极板之间的支架头高度应为 15～20mm。RCM 试验装置还应符合现行行业标准《混凝土氯离子扩散系数测定仪》（JG/T 262—2009）的有关规定。

5）电源应能稳定提供 0～60V 的可调直流电，精度应为±0.1V，电流应为 0～10A。

6）电表的精度应为±0.1mA。

7）温度计或热电偶的精度应为±0.2℃。

8）喷雾器应适合喷洒硝酸银溶液。

9）游标卡尺的精度应为±0.1mm。

10）尺子的最小刻度应为 1mm。

11）水砂纸的规格应为 200～600 号。

12）细锉刀可为备用工具。

13）扭矩扳手的扭矩范围应为 20～100N·m，测量允许误差应为±5%。

14）电吹风的功率应为 1000～2000W。

15）黄铜刷可为备用工具。

16）真空表或压力计的精度应为±665Pa（5mmHg 柱），量程应为 0～13300Pa（0～100mmHg 柱）。

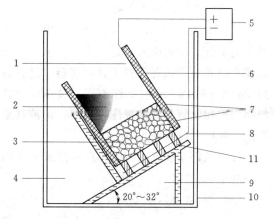

图 6.22 RCM 试验装置示意图
1—阳极板；2—阳极溶液；3—试件；4—阴极溶液；
5—直流稳压电源；6—有机硅橡胶套；7—环箍；
8—阴极板；9—支架；10—阴极试验槽；
11—支承头

17）抽真空设备可由体积在 1000mL 以上的烧杯、真空干燥器、真空泵、分液装置、真空表等组合而成。

（3）溶液和指示剂应符合下列规定：

1）阴极溶液应为 10% 质量浓度的 NaCl 溶液，阳极溶液应为 0.3mol/L 摩尔浓度的 NaOH 溶液。溶液应至少提前 24h 配制，并应密封保存在温度为 20～25℃ 的环境中。

2）显色指示剂应为 0.1mol/L 浓度的 $AgNO_3$ 溶液。

（4）RCM 试验所处的试验室温度应控制在 20～25℃。

4. 制作试件的规定

（1）RCM 试验用试件应采用直径为 100mm±1mm，高度为 50mm±2mm 的圆柱体试件。

（2）在试验室制作试件时，宜使用 ϕ100mm×100mm 或 ϕ100mm×200mm 试模。骨

料最大公称粒径不宜大于 25mm。试件成型后应立即用塑料薄膜覆盖并移至标准养护室。试件应在 24h±2h 内拆模,然后应浸没于标准养护室的水池中。

(3) 试件的养护龄期宜为 28d。也可根据设计要求选用 56d 或 84d 养护龄期。

(4) 应在抗氯离子渗透试验前 7d 加工成标准尺寸的试件。当使用 ϕ100mm×100mm 试件时, 应从试件中部切取高度为 50mm±2mm 的圆柱体作为试验用试件,并应将靠近浇筑面的试件端面作为暴露于氯离子溶液中的测试面。当使用 ϕ100mm×200mm 试件时, 应先将试件从正中间切成相同尺寸的两部分 (ϕ100mm×100mm), 然后应从两部分中各切取一个高度为 50mm±2mm 的试件,并应将第一次的切口面作为暴露于氯离子溶液中的测试面。

(5) 试件加工后应采用水砂纸和细锉刀打磨光滑。

(6) 加工好的试件应继续浸没于水中养护至试验龄期。

5. RCM 法试验的步骤

(1) 首先应将试件从养护池中取出来,并将试件表面的碎屑刷洗干净,擦干试件表面多余的水分。然后应采用游标卡尺测量试件的直径和高度,测量应精确到 0.1mm。应将试件在饱和面干状态下置于真空容器中进行真空处理。应在 5min 内将真空容器中的气压减少至 1～5kPa,并应保持该真空度 3h,然后在真空泵仍然运转的情况下,将用蒸馏水配制的饱和氢氧化钙溶液注入容器,溶液高度应保证将试件浸没。在试件浸没 1h 后恢复常压,并应继续浸泡 18h±2h。

(2) 试件安装在 RCM 试验装置前应采用电吹风冷风挡吹干,表面应干净,无油污、灰砂和水珠。

(3) RCM 试验装置的试验槽在试验前应用室温凉开水冲洗干净。

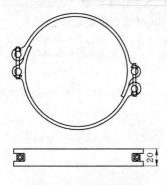

图 6.23 不锈钢环箍
(单位:mm)

(4) 试件和 RCM 试验装置准备好以后, 应将试件装入橡胶套内的底部, 应在与试件齐高的橡胶套外侧安装两个不锈钢环箍 (图 6.23), 每个箍高度应为 20mm, 并应拧紧环箍上的螺栓至扭矩 (30±2)N·m, 使试件的圆柱侧面处于密封状态。当试件的圆柱曲面可能有造成液体渗漏的缺陷时, 应以密封剂保持其密封性。

(5) 应将装有试件的橡胶套安装到试验槽中, 并安装好阳极板。然后应在橡胶套中注入约 300mL 浓度为 0.3mol/L 的 NaOH 溶液, 并应使阳极板和试件表面均浸没于溶液中。应在阴极试验槽中注入 12L 质量浓度为 10% 的 NaCl 溶液, 并应使其液面与橡胶套中的 NaOH 溶液的液面齐平。

(6) 试件安装完成后,应将电源的阳极(又称正极)用导线连至橡胶筒中阳极板,并将阴极(又称负极)用导线连至试验槽中的阴极板。

6. 电迁移试验的步骤

(1) 首先应打开电源,将电压调整到 30V±0.2V,并应记录通过每个试件的初始电流。

(2) 后续试验应施加的电压(表 6.3 第 2 列)应根据施加 30V 电压时测量得到的初

始电流值所处的范围（表 6.3 第 1 列）决定。应根据实际施加的电压，记录新的初始电流。应按照新的初始电流值所处的范围（表 6.3 第 3 列），确定试验应持续的时间（表 6.3 第 4 列）。

（3）应按照温度计或者电热偶的显示读数记录每一个试件的阳极溶液的初始温度。

表 6.3　　　　　　　　初始电流、电压与试验时间的关系

初始电流 I_{30V} （用 30V 电压）/mA	施加的电压 U（调整后）/V	可能的新初始电流 I_0 /mA	试验持续时间 t/h
$I_0 < 5$	60	$I_0 < 10$	96
$5 \leqslant I_0 < 10$	60	$10 \leqslant I_0 < 20$	48
$10 \leqslant I_0 < 15$	60	$20 \leqslant I_0 < 30$	24
$15 \leqslant I_0 < 20$	50	$25 \leqslant I_0 < 35$	24
$20 \leqslant I_0 < 30$	40	$25 \leqslant I_0 < 40$	24
$30 \leqslant I_0 < 40$	35	$35 \leqslant I_0 < 50$	24
$40 \leqslant I_0 < 60$	30	$40 \leqslant I_0 < 60$	24
$60 \leqslant I_0 < 90$	25	$50 \leqslant I_0 < 75$	24
$90 \leqslant I_0 < 120$	20	$60 \leqslant I_0 < 80$	24
$120 \leqslant I_0 < 180$	15	$60 \leqslant I_0 < 90$	24
$180 \leqslant I_0 < 360$	10	$60 \leqslant I_0 < 120$	24
$I_0 \geqslant 360$	10	$I_0 \geqslant 120$	6

（4）试验结束时，应测定阳极溶液的最终温度和最终电流。试验结束后应及时排除试验溶液。应用黄铜刷清除试验槽的结垢或沉淀物，并应用饮用水和洗涤剂将试验槽和橡胶套冲洗干净，然后用电吹风的冷风挡吹干。

7. 氯离子渗透深度测定步骤

（1）试验结束后，应及时断开电源。

（2）断开电源后，应将试件从橡胶套中取出，并应立即用自来水将试件表面冲洗干净，然后应擦去试件表面多余水分。

（3）试件表面冲洗干净后，应在压力试验机上沿轴向劈成两个半圆柱体，并应在劈开的试件断面立即喷涂浓度为 0.1mol/L 的 $AgNO_3$ 溶液显色指示剂。

（4）指示剂喷洒约 15min 后，应沿试件直径断面将其分成 10 等分，并应用防水笔描出渗透轮廓线。

（5）然后应根据观察到的明显的颜色变化，测量显色分界线（图 6.24）离试件底面的距离，精确至 0.1mm。

（6）当某一测点被骨料阻挡，可将此测点位置移动到最近未被骨料阻挡的位置进行测量，当某测点数据不能得到，只要总测点数多于 5 个，可忽略此测点。

（7）当某测点位置有一个明显的缺陷，使该点测量值远大于各测点的平均值，并在记录和报告中注明。

8. 试验结果计算及处理的规定

（1）混凝土的非稳态氯离子迁移系数应按式（6.29）进行计算，即

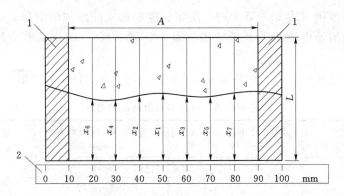

图 6.24　显色分界线位置编号

1—试件边缘部分；2—尺子；A—测量范围；L—试件高度

$$D_{RCM} = \frac{0.0239(273+T)L}{(U-2)t}\left(X_d - 0.0238\sqrt{\frac{(273+T)LX_d}{U-2}}\right) \tag{6.29}$$

式中　D_{RCM}——混凝土的非稳态氯离子迁移系数，m^2/s，精确到 $0.1 \times 10^{-12} m^2/s$；

　　　　U——所用电压的绝对值，V；

　　　　T——阳极溶液的初始温度和结束温度的平均值，℃；

　　　　L——试件厚度，mm，精确到 0.1mm；

　　　　X_d——氯离子渗透深度的平均值，mm，精确到 0.1mm；

　　　　t——试验持续时间，h。

（2）每组应以 3 个试样的氯离子迁移系数的算术平均值作为该组试件的氯离子迁移系数测定值。当最大值或最小值与中间值之差超过中间值的 15% 时，应剔除此值，再取其余两值的平均值作为测定值；当最大值和最小值均超过中间值的 15% 时，应取中间值作为测定值。

6.5.8　抗氯离子渗透试验（电通量法）

1. 试验目的

本方法适用于测定以通过混凝土试件的电通量为指标来确定混凝土抗氯离子渗透性能。本方法不适用于掺有亚硝酸盐和钢纤维等良导电材料的混凝土抗氯离子渗透试验。

2. 试验装置、试剂和用具的规定

（1）电通量试验装置应符合图 6.25 的要求，并应满足现行行业标准《混凝土氯离子电通量测定仪》（JG/T 261—2009）的有关规定。

（2）仪器设备和化学试剂应符合下列要求：

1）直流稳压电源的电压范围应为 0～80V，电流范围应为 0～10A，并应能稳定输出60V 直流电压，精度应为 ±0.1V。

2）耐热塑料或耐热有机玻璃试验槽（图 6.26）的边长应为 150mm，总厚度不应小于51mm。试验槽中心的两个槽的直径应分别为 89mm 和 112mm。两个槽的深度应分别为41mm 和 6.4mm。在试验槽的一边应开有直径为 10mm 的注液孔。

3）紫铜垫板宽度应为 12mm±2mm，厚度应为 0.50mm±0.05mm。铜网孔径应为

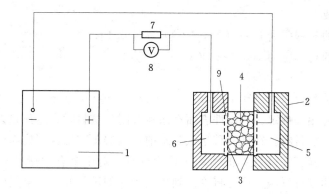

图 6.25 电通量试验装置示意图

1—直流稳压电源；2—试验槽；3—铜电极；4—混凝土试件；5—3％NaCl 溶液；

6—0.3mol/L NaOH 溶液；7—标准电阻；8—直流数字式电压表；

9—试件垫圈（硫化橡胶垫或硅橡胶垫）

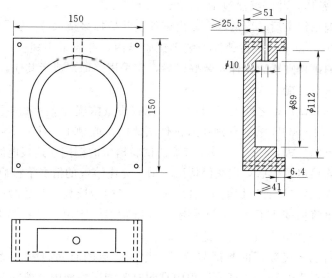

图 6.26　试验槽示意图（单位：mm）

0.95mm（64 孔/cm²）或者 20 目。

4）标准电阻精度应为±0.10；直流数字电流表量程应为 0～20A，精度应为±0.100。

5）真空泵和真空表应符合规范要求。

6）真空容器的内径不应小于 250mm，并应能至少容纳 3 个试件。

7）阴极溶液应用化学纯试剂配制的质量浓度为 3.0％的 NaCl 溶液。

8）阳极溶液应用化学纯试剂配制的摩尔浓度为 0.3mol/L 的 NaOH 溶液。

9）密封材料应采用硅胶或树脂等密封材料。

10）硫化橡胶垫或硅橡胶垫的外径应为 100mm、内径应为 75mm、厚度应为 6mm。

11）切割试件的设备应采用水冷式金刚锯或碳化硅锯。

12）抽真空设备可由烧杯（体积在 1000mL 以上）、真空干燥器、真空泵、分液装置、真空表等组合而成。

13）温度计的量程应为 0～120℃，精度应为±0.1℃。

14）电吹风的功率应为 1000～2000W。

3. 试验步骤

（1）电通量试验应采用直径 100mm±1mm、高度 50mm±2mm 的圆柱体试件。试件的制作、养护应符合相关规定。当试件表面有涂料等附加材料时，应预先去除，且试样内不得含有钢筋等良导电材料。在试件移送试验室前，应避免冻伤或其他物理伤害。

（2）电通量试验宜在试件养护到 28d 龄期进行。对于掺有大掺量矿物掺合料的混凝土，可在 56d 龄期进行试验。应先将养护到规定龄期的试件暴露于空气中至表面干燥，并应以硅胶或树脂密封材料涂刷试件圆柱侧面，还应填补涂层中的孔洞。

（3）电通量试验前应将试件进行真空饱水。应先将试件放入真空容器中，然后启动真空泵，并应在 5min 内将真空容器中的绝对压强减少至 1～5kPa，应保持该真空度 3h，然后在真空泵仍然运转的情况下，注入足够的蒸馏水或者去离子水，直至淹没试件，应在试件浸没 1h 后恢复常压，并继续浸泡 18h±2h。

（4）在真空饱水结束后，应从水中取出试件，并抹掉多余水分，且应保持试件所处环境的相对湿度在 95% 以上。应将试件安装于试验槽内，并应采用螺杆将两试验槽和端面装有硫化橡胶垫的试件夹紧。试件安装好以后，应采用蒸馏水或者其他有效方式检查试件和试验槽之间的密封性能。

（5）检查试件和试件槽之间的密封性后，应将质量浓度为 3.0% 的 NaCl 溶液和摩尔浓度为 0.3mol/L 的 NaOH 溶液分别注入试件两侧的试验槽中，注入 NaCl 溶液的试验槽内的铜网应连接电源负极，注入 NaOH 溶液的试验槽中的铜网应连接电源正极。

（6）在正确连接电源线后，应在保持试验槽中充满溶液的情况下接通电源，并应对上述两铜网施加 60V±0.1V 直流恒电压，且应记录电流初始读数。开始时应每隔 5min 记录一次电流值，当电流值变化不大时，可每隔 10min 记录一次电流值；当电流变化很小时，应每隔 30min 记录一次电流值，直至通电 6h。

（7）当采用自动采集数据的测试装置时，记录电流的时间间隔可设定为 5～10min。电流测量值应精确至±0.5mA。试验过程中宜同时监测试验槽中溶液的温度。

（8）试验结束后，应及时排出试验溶液，并应用凉开水和洗涤剂冲洗试验槽 60s 以上，然后用蒸馏水洗净并用电吹风冷风挡吹干，试验应在 20～25℃ 的室内进行。

4. 结果处理

（1）试验过程中或试验结束后，应绘制电流与时间的关系图。

应通过将各点数据以光滑曲线连接起来，对曲线作面积积分，或按梯形法进行面积积分，得到试验 6h 通过的电通量（C）。

（2）每个试件的总电通量可采用式（6.30）计算，即

$$Q = 900(I_0 + 2I_{30} + 2I_{60} + \cdots + 2I_t + \cdots + 2I_{300} + 2I_{330} + 2I_{360}) \tag{6.30}$$

式中　Q——通过试件的总电通量，C；

I_0——初始电流，A，精确到 0.001A；

I_t——在时间 t（min）的电流，A，精确到 0.001A。

（3）计算得到的通过试件的总电通量应换算成直径为 95mm 试件的电通量值。应通过将计算的总电通量乘以一个直径为 95mm 的试件和实际试件横截面积的比值来换算，换算可按式（6.31）进行，即

$$Q_s = Q_x (95/x)^2 \tag{6.31}$$

式中　Q_s——通过直径为 95mm 的试件的电通量，C；

　　　Q_x——通过直径为 x（mm）的试件的电通量，C；

　　　x——试件的实际直径，mm。

（4）每组应取 3 个试件电通量的算术平均值作为该组试件的电通量测定值。当某一个电通量值与中值的差值超过中值的 15% 时，应取其余两个试件的电通量的算术平均值作为该组试件的试验结果测定值。当有两个测值与中值的差值都超过中值的 15% 时，应取中值作为该组试件的电通量试验结果测定值。

6.6　混凝土拌合物配合比分析试验

1. 试验目的

本方法适用于用水洗分析法测定普通混凝土拌合物中四大组分水泥水砂石的含量，但不适用于骨料含泥量波动较大以及用特细砂、山砂和机制砂配制的混凝土。

2. 试验设备

（1）广口瓶。容积为 2000mL 的玻璃瓶，并配有玻璃盖板。

（2）台秤称量感量和称量感量各 1 台。

（3）托盘天平。称量 5kg，感量 5g。

（4）试样筒符合要求的容积为 5L 和 10L 的容量筒，并配有玻璃盖板。

（5）标准筛。孔径为 5mm 和 0.16mm 标准筛各 1 个。

3. 试验准备

（1）水泥表观密度试验按《水泥密度测定方法》（GB/T 208—2014）进行。

（2）粗骨料、细骨料饱和面干状态的表观密度试验按《普通混凝土用砂质量标准及检验方法》（JGJ 52—1992）和《普通混凝土用碎石或卵石质量标准及检验方法》（JGJ 53—1992）进行。

（3）细骨料修正系数应按下述方法测定：

向广口瓶中注水至筒口，再一边加水一边徐徐推进玻璃板，注意玻璃板下不带有任何气泡，盖严后擦净板面和广口瓶壁的余水，如玻璃板下有气泡，必须排除。测定广口瓶、玻璃板和水的总质量后，取具有代表性的两个细骨料试样，每个试样的质量为 2kg，精确至 5g。分别倒入盛水的广口瓶中，充分搅拌、排气后浸泡约半小时；然后向广口瓶中注水至筒口，再一边加水一边徐徐推进玻璃板，注意玻璃板下不得带有任何气泡，盖严后擦净板面和瓶壁的余水，称得广口瓶、玻璃板、水和细粗骨料的总质量。则细骨料在水中的质量为

$$m_{ys} = m_{ks} - m_p \tag{6.32}$$

式中　m_{ys}——细骨料在水中的质量，g；

m_{ks}——细骨料和广口瓶水及玻璃板的总质量，g；

m_{p}——广口瓶玻璃板和水的总质量，g。

应以两个试样试验结果的算术平均值作为测定值，计算应精确至1g。

然后用0.16mm的标准筛将细骨料过筛，用以上同样的方法测得大于0.16mm的细骨料在水中的质量，即

$$m_{\text{ys1}} = m_{\text{ks1}} - m_{\text{p}} \qquad (6.33)$$

式中　m_{ys1}——大于0.16mm的细骨料在水中的质量，g；

m_{ks1}——大于0.16mm的细骨料和广口瓶水及玻璃板总质量，g；

m_{p}——广口瓶玻璃板和水的总质量，g。

应以两个试样试验结果的算术平均值作为测定值，计算应精确至1g。

细骨料修正系数为

$$C_{\text{s}} = \frac{m_{\text{ys}}}{m_{\text{ys1}}} \qquad (6.34)$$

式中　C_{s}——细骨料修正系数；

m_{ys}——细骨料在水中的质量，g；

m_{ys1}——大于0.16mm的细骨料在水中的质量，g。

计算应精确至0.01。

4. 混凝土拌合物的取样规定

(1) 当混凝土中粗骨料的最大粒径不大于40mm时，混凝土拌合物的取样量不小于20L；当混凝土中粗骨料最大粒径大于40mm时，混凝土拌合物的取样量不小于40L。

(2) 进行混凝土配合比分析时，当混凝土中粗骨料最大粒径大于40mm时，每份取15kg试样；当混凝土中粗骨料的最大粒径不大于40mm时，每份取12kg试样；剩余的混凝土拌合物试样，可用来进行拌合物表观密度的测定。

5. 试验步骤

(1) 整个试验过程的环境温度应在15～25℃之间进行，从最后加水至试验结束温差不应超过2℃。

(2) 称取质量为m_0的混凝土拌合物试样，精确至50g，然后按式(6.35)计算混凝土拌合物试样的体积，即

$$V = \frac{m_0}{\rho} \qquad (6.35)$$

式中　V——试样的体积，L；

m_0——试样的质量，g；

ρ——混凝土拌合物的表观密度，g/cm^3。

计算应精确至1g/cm^3。

(3) 把试样全部移到5mm筛上水洗过筛。水洗时，要用水将筛上粗骨料仔细冲洗干净，粗骨料上不得黏有砂浆，筛下应备有不透水的底盘，以收集全部冲洗过筛的砂浆与水的混合物；称量洗净的粗骨料试样在饱和面干状态下的质量m_{g}，粗骨料饱和面干状态表观密度符号为ρ_{g}，单位为g/cm^3。

（4）将冲洗过筛的砂浆与水的混合物全部移到试样筒中。加水至试样筒 2/3 高度，用棒搅拌，以排除其中的空气；如水面上有不能破裂的气泡，可以加入少量的异丙醇试剂以消除气泡；让试样静止 10min 以使固体物质沉积于容器底部。加水至满，再一边加水一边徐徐推进玻璃板，注意玻璃板下不得带有任何气泡，盖严后应擦净板面和筒壁的余水。称出砂浆与水的混合物和试样筒、水及玻璃板的总质量。应按式（6.36）计算细砂浆的水中的质量，即

$$m'_m = m_x - m_D \qquad (6.36)$$

式中　m'_m——砂浆在水中的质量，g；

　　　m_x——砂浆与水的混合物和试样筒水及玻璃板的总质量，g；

　　　m_D——试样筒、玻璃板和水的总质量，g。

计算应精确至 1g。

（5）将试样筒中的砂浆与水的混合物在 0.16mm 筛上冲洗，然后将在 0.16mm 筛上洗净的细骨料全部移至广口瓶中，加水至满，再一边加水一边徐徐推进玻璃板，注意玻璃板下不得带有任何气泡，盖严后应擦净板面和瓶壁的余水；称出细骨料试样、试样筒、水及玻璃板总质量。应按式（6.37）计算细骨料在水中的质量，即

$$m'_s = c_S(m_{ks} - m_p) \qquad (6.37)$$

式中　m'_s——细骨料在水中的质量，g；

　　　c_S——细骨料修正系数；

　　　m_{ks}——细骨料试样、广口瓶水及玻璃板总质量，g；

　　　m_p——广口瓶玻璃板和水的总质量，g。

计算应精确至 1g。

6. 结果处理

（1）混凝土拌合物试样中 4 种组分的质量应按以下公式计算。

1）试样中的水泥质量应按式（6.38）计算，即

$$m_c = (m'_m - m'_s)\frac{\rho_c}{\rho_c - 1} \qquad (6.38)$$

式中　m_c——试样中的水泥质量，g；

　　　m'_m——砂浆在水中的质量，g；

　　　m'_s——细骨料在水中的质量，g；

　　　ρ_c——水泥的表观密度，g/cm³。

计算应精确至 1g。

2）试样中细骨料的质量应按式（6.39）计算，即

$$m_s = m'_s\frac{\rho_s}{\rho_s - 1} \qquad (6.39)$$

式中　m_s——试样中细骨料的质量，g；

　　　m'_s——细骨料在水中的质量，g；

　　　ρ_s——处于饱和面干状态下的细骨料的表观密度，g/cm³。

计算应精确至 1g。

3）试样中的水的质量应按式（6.40）计算，即

$$m_w = m_0 - (m_g + m_s + m_c) \tag{6.40}$$

式中　　m_w——试样中的水的质量，g；

　　　　m_0——拌合物试样质量，g；

m_g，m_s，m_c——试样中粗骨料、细骨料和水泥的质量，g。

计算应精确至1g。

4）混凝土拌合物试样中粗骨料的质量按照粗骨料饱和面干质量 m_g 计算，单位为g。

（2）混凝土拌合物中水泥、水、粗骨料、细骨料的单位用量，应分别按式（6.41）～式（6.44）计算，即

$$C = \frac{m_c}{V} \times 1000 \tag{6.41}$$

$$W = \frac{m_w}{V} \times 1000 \tag{6.42}$$

$$G = \frac{m_g}{V} \times 1000 \tag{6.43}$$

$$S = \frac{m_s}{V} \times 1000 \tag{6.44}$$

式中　　　C，W，G，S——水泥、水、粗骨料、细骨料的单位用量，kg/m³；

m_c，m_w，m_g，m_s——试样中水泥、水、粗骨料、细骨料的质量，g；

　　　　　　　　　　V——试样体积，L。

以上计算应精确至1kg/m³。

（3）以两个试样试验结果的算术平均值作为测定值，两次试验结果差值的绝对值应符合下列规定：水泥不大于 6kg/m³；水不大于 4kg/m³；砂不大于 20kg/m³；石不大于 30kg/m³；否则此次试验无效。

7．试验报告的内容

（1）试样的质量。

（2）水泥的表观密度。

（3）粗骨料和细骨料的饱和面干状态的表观密度。

（4）试样中水泥、水、细骨料和粗骨料的质量。

（5）混凝土拌合物中水泥、水、粗骨料和细骨料的单位用量。

（6）混凝土拌合物水灰比。

第7章 混凝土力学性能试验

7.1 概　　述

1. 试验目的与依据

检验混凝土强度，并评定混凝土力学性能；本试验以《普通混凝土力学性能试验方法标准》（GB/T 50081—2002）和《混凝土强度检验评定标准》（GB/T 50107—2010）为依据。

2. 混凝土的取样与拌和

（1）混凝土的取样。

1）混凝土的取样，宜根据标准规定的检验评定方法要求，制定检验批的划分方案和相应的取样计划。

2）混凝土强度试样应在混凝土的浇筑地点随机抽取。

3）试件的取样频率和数量应符合下列规定：

a. 每100盘，但不超过100m³的同配合比混凝土，取样次数不应少于一次。

b. 每一工作班拌制的同配合比混凝土，不足100盘和100m³时其取样次数不应少于一次。

c. 当一次连续浇筑的同配合比混凝土超过1000m³时，每200m³取样不应少于一次。

d. 对于房屋建筑而言，每一楼层、同一配合比的混凝土，取样不应少于一次。

4）每批混凝土试样应制作的试件总组数，除满足混凝土强度评定所必需的组数外，还应留置为检验结构或构件施工阶段混凝土强度所必需的试件。

（2）拌和方法。

1）机械搅拌法。

a. 按所定配合比备料，以干燥状态骨料（含水率小于0.5%的细骨料或含水率小于0.2%的粗骨料）为准。

b. 预拌一次，即用按相同配合比的水泥、砂和水组成的砂浆及少量石子，在搅拌机中进行刷腔。然后倒出并刮去多余的砂浆，其目的是使水泥砂浆黏附满搅拌机的筒壁，以免正式拌和时影响拌合物的配合比。

c. 开动搅拌机，向搅拌机内依次加入石子、砂和水泥，干拌均匀，再将水徐徐加入，全部加料时间不超过2min，水全部加入后，继续搅拌2min。

d. 将拌合物自搅拌机卸出，倾倒在拌板上，再经人工搅拌1~2min，即可做坍落度测定或试件成型。从开始加水时算起，全部操作必须在30min内完成。

2）人工拌和。

a. 先用湿布将铁板、铁铲润湿。

b. 将称好的砂和水泥在铁板上拌匀，加入粗集料，再混合搅拌均匀。

c. 将此拌合物堆成长堆，中心扒成长槽，将称好的水倒入约一半，将其余拌合物仔细拌匀，再将材料堆成长堆，扒成长槽，倒入剩余的水，继续进行拌和，来回翻拌至少6遍。

3. 混凝土试件的制作与养护

每次取样应至少制作一组标准养护试件。每组 3 个试件应由同一盘或同一车的混凝土中取样制作。检验评定混凝土强度用的混凝土试件，其成型方法及标准养护条件应符合现行国家标准《普通混凝土力学性能试验方法标准》（GB/T 50081—2002）的规定。

采用蒸汽养护的构件，其试件应先随构件同条件养护，然后应置入标准养护条件下继续养护，两段养护时间的总和应为设计规定龄期。

7.2　混凝土抗压强度试验

1. 试验目的与依据

测定混凝土立方体抗压强度，以确定混凝土的强度等级，作为评定混凝土质量的主要依据。本试验以国家标准《普通混凝土力学性能试验方法标准》（GB/T 50081—2002）为依据。

2. 主要试验仪器

（1）压力试验机。试验机的精度（示值的相对误差）至少应为±2%，其量程应能使试件的预期破坏荷载值不小于全量程的 20%，也不大于全量程的 80%。应具有加荷速度指示装置或加荷速度控制装置，并应能均匀、连续加荷。试验机上、下压板之间可各垫以钢垫板，钢垫板的承压面均应为机械加工，如图 7.1 所示。

图 7.1　压力试验机

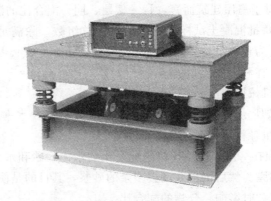

图 7.2　振动台

（2）振动台。振动台频率为 50Hz±3Hz，空载振幅约为 0.5mm，如图 7.2 所示。

（3）试模。由铸铁或钢制成，应具有足够的刚度并拆装方便。试模内表面应机械加工，其不平度应为每 100mm 不超过 0.5mm。组装后各相邻面的不垂直度不应超过±0.5°。

（4）其他用具。捣棒、小铁铲、金属直尺、镘刀等。

3. 试件制作

(1) 立方体抗压强度试验以同时制作、同样养护、同一龄期 3 个试件为一组，按《混凝土结构工程施工质量验收规范》（GB 50204—2002）的规定，试件尺寸按骨料最大粒径由表 7.1 选用。

表 7.1　　不同骨料最大粒径选用的试件尺寸、插捣次数及抗压强度换算系数

试件尺寸/（mm×mm×mm）	骨料最大粒径/mm	每层插捣次数/次	抗压强度换算系数
100×100×100	≤31.5	12	0.95
150×150×150	≤40	25	1
200×200×200	≤63	50	1.05

注　对强度等级为 C60 及以上的混凝土试件，其强度的尺寸换算系数可通过试验确定。

(2) 每一组试件所用的混凝土拌合物应由同一次拌合物中取出。

(3) 制作时，应将试模清擦干净，并在其内壁涂上一层矿物油脂或其他脱膜剂。

(4) 坍落度不大于 70mm 的混凝土拌合物，宜用振动台振实。将拌合物一次装入试模，装料时应用抹刀沿试模内壁略加插捣，并使混凝土拌合物高出试模上口。振动时应防止试模在振动台上自由跳动。振动应持续到混凝土表面出浆为止，刮除多余的混凝土，并用抹刀抹平。

坍落度大于 70mm 混凝土宜用捣棒人工捣实。将混凝土拌合物分两次装入试模，每层的厚度大致相等。插捣应按螺旋方向从边缘向中心均匀进行，插捣底层时，捣棒应达到试模底面；插捣上层时，捣棒应穿入下层深度为 20～30mm，插捣时捣棒应保持垂直，不得倾斜。同时，还应用抹刀沿试模内壁插入数次。每层的插捣次数应根据试件的截面而定，一般每 100cm² 截面积不应少于 12 次。插捣完后，刮除多余的混凝土，并用抹刀抹平。

4. 试件养护

根据试验目的不同，试件可采用标准养护或与构件同条件养护。确定混凝土特征值、强度等级或进行材料性能研究时应采用标准养护，检验现浇混凝土工程或预制构件中混凝土强度时，试件应采用同条件养护。试件一般养护到 28d 龄期进行试验，但也可以按要求养护到所需的龄期。

采用标准养护的试件成型后应覆盖表面以防止水分蒸发，并应在温度为 20℃±5℃ 情况下静置一昼夜至两昼夜，然后编号拆模。拆模后的试件，应立即放在温度为 20℃±3℃、湿度为 90% 以上的标准养护室中养护。在标准养护室，试件应放在架上，彼此间隔为 10～20mm，试件表面应保持潮湿，并应避免用水直接冲淋试件。

当无标准养护室时，混凝土试件可在温度为 20℃±3℃ 的不流动水中养护，水的 pH 值不应小于 7。

同条件养护的试件成型后应覆盖表面，试件的拆模时间可与实际构件的拆模时间相同，拆模后，试件仍需保持同条件养护。

5. 试验步骤

(1) 试件自养护地点取出后，应尽快进行试验，以免试件内部的温度发生显著变化。先将试件擦拭干净，检查其外观，测量尺寸精确至 1mm，并据此计算试件的承压面积。

如实测尺寸与公称尺寸之差不超过 1mm，可按公称尺寸计算。试件承压面的不平度应为每 100mm 不超过 0.05mm，承压面与相邻面的不垂直度不应超过 ±1°。

（2）将试件安放在试验机的下压板上，试件的承压面应与成型时的顶面垂直。试件的中心应与试验机下压板中心对准。开动试验机，当上压板与试件接近时，调整球座，使接触均衡。

（3）混凝土试件的试验应连续均匀地加荷，加荷速度为：混凝土强度等级低于 C30 时，取每秒 0.3～0.5MPa；当混凝土强度等级不低于 C30 时，取每秒钟 0.5～0.8MPa。当试件接近破坏而开始迅速变形时，停止调整试验机油门，直至试件破坏，然后记录破坏荷载。

6. 结果处理

（1）抗压强度计算公式。混凝土立方体抗压强度按式（7.1）计算，即

$$f_{cu} = \frac{F}{A} \tag{7.1}$$

式中　f_{cu}——混凝土立方体抗压强度值，MPa；

　　　　F——试件破坏荷载，N；

　　　　A——试件承压面积，mm^2。

数值应精确至 0.1MPa。

（2）抗压强度试验结果评定。

1）应以 3 个试件测值的算术平均值作为该组试件的立方体抗压强度平均值，精确到 0.1MPa。

2）当 3 个测值的最大值或最小值有一个与中间值的差值超过中间值的 15％ 时，应把最大值及最小值一并舍去，取中间值作为该组试件的抗压强度值。

3）当两个值与中间值的差值超过中间值的 15％ 时，该组试件结果为无效。

4）混凝土强度等级小于 C60 时，用非标准试件所测得的强度值均应乘以尺寸换算系数，其值为对 200mm×200mm×200mm 试件为 1.05；对 100mm×100mm×100mm 试件为 0.95。当混凝土强度等级不小于 C60 时，宜采用标准试件；使用非标准试件时，尺寸换算系数应由试验确定。

7.3　混凝土抗折强度试验

1. 试验目的与依据

测定混凝土抗折（抗弯拉）极限强度，以提供设计参数，检查混凝土施工品质和确定抗折弹性模量试验加荷标准。本试验以国家标准《普通混凝土力学性能试验方法标准》（GB/T 50081—2002）为依据。

2. 主要试验仪器

（1）压力试验机。试验机的精度（示值的相对误差）至少应为 ±2％，其量程应能使试件的预期破坏荷载值不小于全量程的 20％，也不大于全量程的 80％。应具有加荷速度指示装置或加荷速度控制装置，并应能均匀、连续加荷，如图 7.3 所示。

图 7.3　万能试验机

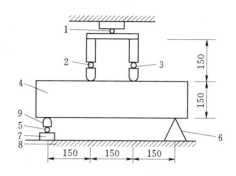

图 7.4　抗弯拉试验装置（单位：mm）

1～3——一个钢球；4——试件；5——两个钢球；6——三角垫块；
7——活动支座；8——机台；9——活动船形垫块

（2）抗折试验装置。三分点处双点受荷和三点自由支承式混凝土抗折强度与抗折弹性模量试验装置，如图7.4所示。

3. **试件准备**

（1）混凝土抗折强度试件为直角棱柱体小梁，试件尺寸应符合表7.2的规定，同时在试件长向中部1/3区段表面上，不得有直径超过7mm、深度超过2mm的孔洞。试件承压区及支承区接触线的不平整度应为每100mm不超过0.05mm。

表 7.2　　　　　　　　　　　　抗弯拉强度试件尺寸

集料公称最大粒径/mm	试件尺寸/(mm×mm×mm)	备注
31.5	150×150×550	标准尺寸
	150×150×600	标准尺寸
26.5	100×100×400	非标准尺寸

（2）混凝土抗弯拉强度试件同龄期者应为一组，每组为3根同条件制作和养护的试件。

4. **试验步骤**

（1）先将试件擦拭干净，量测尺寸并检查其外观。试件尺寸测量精确至1mm，并据此进行强度计算。试件不得有明显缺损。在跨中1/3梁的受拉区内，不得有表面直径超过7mm并深度超过2mm的孔洞。

（2）按要求调整支承架及压头的位置，其所有间距的尺寸偏差不应大于±1mm。

（3）将试件在试验机的支座上放稳对中，承压面应选择试件成型时的侧面。开动试验机，当加压头与试件快接近时，调整加压头及支座，使接触均衡。如加压头及支座均不能前后倾斜，则各接触不良之处应予以垫平。

（4）试件的试验应连续而均匀地加荷，其加荷速度应为：混凝土强度等级低于 C30 时，取每秒钟 0.02～0.05MPa；强度等级不低于 C30 时，取每秒钟 0.05～0.08MPa。当试件接近破坏时，应停止调整油门，直至试件破坏，记录破坏荷载及破坏位置。

5. 结果处理

（1）抗折强度计算公式。

当断面发生在两个加荷点之间时，按式（7.2）计算（精确至 0.01MPa），即

$$f_{cf} = \frac{FL}{bh^2} \tag{7.2}$$

式中　f_{cf}——混凝土抗折强度值，MPa；

　　　F——试件破坏荷载，N；

　　　L——支座间距，$L = 450$mm；

　　　b——试件宽度，mm；

　　　h——试件高度，mm。

（2）抗折强度试验结果评定。

1）以 3 个试件测值的算术平均值作为测定值。3 个试件中的最大值或最小值中如有一个与中间值的差值超过中间值的 15%，则把最大值和最小值舍去，以中间值作为试件的抗弯拉强度；如最大值和最小值与中间值的差值均超过中间值的 15%，则该组试验结果无效。

2）3 个试件中如有一个断裂面位于加荷点外侧，则混凝土抗弯拉强度按另外两个试件的试验结果计算。如果这两个测值的差值不大于这两个测值中较小值的 15%，则以两个测值的平均值为测试结果；否则结果无效。

3）如果有两根试件均出现断裂面位于加荷点外侧，则该组结果无效。断面位置在试件断块短边一侧的底面中轴线上量得。

4）采用 100mm×100mm×400mm 非标准试件时，三分点加荷的试验方法同前，但所得的抗弯拉强度值应乘以尺寸换算系数 0.85。当混凝土强度等级不小于 C60 时，应采用标准试件；使用非标准试件时，尺寸换算系数应由试验确定。

7.4　混凝土劈裂抗拉强度试验

1. 试验目的与依据

测定混凝土立方体劈裂抗压强度。本试验以国家标准《普通混凝土力学性能试验方法标准》（GB/T 50081—2002）为依据。

2. 主要试验仪器

（1）压力试验机。试验机的精度（示值的相对误差）至少应为 ±2%，其量程应能使试件的预期破坏荷载值不小于全量程的 20%，也不大于全量程的 80%。应具有加荷速度指示装置或加荷速度控制装置，并应能均匀、连续加荷。

（2）垫块。采用半径为 75mm 的钢制弧形长度与试件相同的垫块，其横截面尺寸如

图 7.5 所示。

（3）垫条。钢垫条顶面为直径150mm 的弧形，长度不短于试件边长。木质三合板或硬质纤维板垫层的宽度为15～20mm，厚为 3～4mm，垫条不得重复使用。

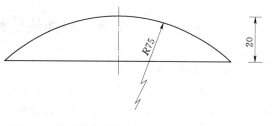

（4）支架、钢支架。

图 7.5　劈裂抗拉强度测定用垫条（单位：mm）

3．试件制备

（1）采用边长为 150mm 立方体试件作为标准试件，其最大集料粒径应为 40mm。

（2）本试件应同龄期者为一组，每组为 3 个同条件制作和养护的混凝土试块。

4．试验步骤

（1）试件从养护地点取出后擦拭干净，测量尺寸，检查外观，在试件中部划出劈裂面位置线。劈裂面与试件成型时的顶面垂直，尺寸测量精确至 1mm。

（2）将试件放在试验机下压板的中心位置，在上下压板与试件之间垫以圆弧形垫块及垫条各一条，垫块与垫条应与试件上、下面的中心线对准，并与成型时的顶面垂直。宜把垫条及试件安装在定位架上使用。

（3）开动试验机，当上压板与圆弧形垫块接近时，调整球座，使之接触均衡。当混凝土强度等级低于 C30 时，以 0.02～0.05MPa/s 的速度连续而均匀地加荷；当混凝土强度等级不小于 C30 且小于 C60 时，以 0.05～0.08MPa/s 的速度连续而均匀地加荷；当混凝土强度等级不小于 C60 时，以 0.08～0.10MPa/s 的速度连续而均匀地加荷。至试件接近破坏时，应停止调整试验机油门，直至试件破坏，然后记下破坏荷载，准确至 0.01kN。

5．结果处理

（1）劈裂抗拉强度计算公式。

混凝土立方体劈裂抗拉强度按式（7.3）计算（结果精确至 0.1MPa），即

$$f_{ts} = \frac{2F}{\pi A} = 0.637 \frac{F}{A} \tag{7.3}$$

式中　f_{ts}——混凝土劈裂抗拉强度值，MPa；

　　　　F——试件破坏荷载，N；

　　　　A——试件承压面积，mm^2。

（2）劈裂抗拉强度强度试验结果评定。

1）3 个试件测值的算术平均值作为该组试件的强度值，结果精确至 0.01MPa。

2）当 3 个测值的最大值或最小值有一个与中间值的差值超过中间值的 15% 时，应把最大值及最小值一并舍去，取中间值作为该组试件的抗压强度值；当两个值与中间值的差值超过中间值的 15% 时，该组试件结果为无效。

3）采用本试验法测得的劈裂抗拉强度值，如需换算为轴心抗拉强度，应乘以换算系数 0.9。采用 100mm×100mm×100mm 非标准试件时，取得的劈裂抗拉强度值应乘以换算系数 0.85；当混凝土强度等级不小于 C60 时，宜采用标准试件；使用非标准试件时，尺寸换算系数应由试验确定。

7.5 回弹法检测混凝土强度

1. 试验目的与依据

当对混凝土结构强度有怀疑时，可采用回弹法检验混凝土的抗压强度，按有关标准的规定对结构或构件中混凝土的强度进行推定，并作为处理混凝土质量问题的一个主要依据。本试验以《回弹法检测混凝土抗压强度技术规程》（JGJ/T 23—2011）为依据。

2. 回弹法原理

混凝土表面硬度与混凝土极限强度存在一定关系，回弹仪的弹击重锤被一定弹力打击在混凝土表面上，其回弹高度和混凝土表面硬度存在一定关系。这样可以利用回弹仪测试混凝土表面硬度，并结合混凝土碳化深度，从而间接测定混凝土强度。

3. 主要试验仪器

（1）中型回弹仪。标称功能为2.207J，如图7.6所示。

（2）钢砧。洛氏硬度HRC为60±2。

4. 仪器准备

（1）技术要求。

回弹仪应具有产品合格证及计量鉴定证书，并应在明显的位置上标注名称、型号、制造厂名（或商标）、出厂编号。回弹仪使用时的环境温度应为−4～40℃。回弹仪除应符合现行国家标准《回弹仪》（GB/T 9138—1988）的规定外，尚应符合下列规定：

1）水平弹击时，弹击锤脱钩的瞬间，回弹仪的标准能量应为2.207J。

2）弹击锤与弹击杆碰撞的瞬间，弹击拉簧应处于自由状态，此时弹击锤起跳点应对准指针指示刻度尺上的零点处。

3）在洛氏硬度HRC为60±2的钢砧上，回弹仪的率定值应为80±2。

4）数字式回弹仪应带有指针直读示值系统；数字显示的回弹值与指针直读示值相差不应超过1。

（2）仪器的鉴定。

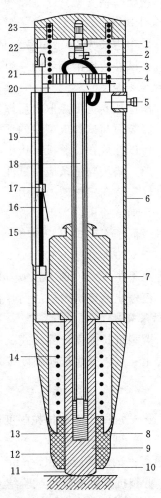

图7.6 回弹仪构造和主要零件名称

1—紧固螺母；2—调零螺钉；3—挂钩；4—挂钩销子；5—按钮；6—机壳；7—弹击锤；8—拉簧座；9—卡环；10—密封垫圈；11—弹击杆；12—盖帽；13—缓冲压簧；14—弹击拉簧；15—刻度尺；16—指针片；17—指针块；18—中心导杆；19—指针轴；20—导向法兰；21—挂钩压簧；22—压簧；23—尾盖

1）回弹仪鉴定周期为半年，如回弹仪具有下列情况之一时，应由法定计量鉴定机构按行业标准进行鉴定：新回弹仪启用前；超过鉴定有效期限；数字式回弹仪数字显示的回弹值与指针直读示值相差大于1；经保养后，钢砧率定值不合格；遭受严重撞击或其他损害。

2）回弹仪的率定试验应符合下列规定：率定试验宜在干燥、室温为5～35℃的条件下进行；钢砧表面应干燥、清洁，并应稳固地平放在刚度大的物体上；回弹值应取连续向下弹击3次的稳定回弹结果的平均值；率定试验应分4个方向进行，且每个方向弹击前，弹击杆旋转90°，每个方向的回弹平均值应为80±2。

3）回弹仪率定试验所用的钢砧应每两年送授权计量鉴定机构鉴定或校准。

（3）保养。

1）当回弹仪存在下列情况之一时应进行保养：弹击超过2000次；在钢砧上的率定值不合格；对检测值有怀疑时。

2）回弹仪的保养应按下列步骤进行：先将弹击锤脱钩，取出机芯，然后卸下弹击杆，取出里面的缓冲压簧，并取出弹击锤、弹击拉簧和拉簧座；清洁机芯各零部件，并应重点清洗中心导杆、弹击锤和弹击杆的内孔和冲击面。清洗后，应在中心导杆上薄薄涂抹钟表油，其他零部件均不得抹油；清理机壳内壁，卸下刻度尺，检查指针，其摩擦力应为0.5～0.8N；对于数字回弹仪，还应按产品要求的维护程序进行维护；保养时不得旋转尾盖上已定位紧固的调零螺钉；不得自制或更换零部件。

5. 试验步骤

（1）回弹仪率定。将回弹仪垂直向下在钢钻上弹击，取3次的稳定回弹值进行平均，弹击杆应分4次旋转，每次旋转约90°，弹击杆每旋转一次的率定平均值均应符合80±2的要求；否则不能使用。

（2）混凝土构件测区预测面布置。对长度不小于3m的构件，其测区数应不少于10个；长度小于3m且高度低于0.6m的构件，其测区数量可以适当减少，但不少于5个，相邻两测区间距不超过2m。测区应均匀分布，并具有代表性，宜选择在侧面为好。每个测区宜有两个相对的侧面，每个侧面约200mm×200mm。

（3）测面应平整光滑，必要时可用砂轮作表面加工，测面应自然干燥。每个测面上布置8个测点，若一个测区只有一个测面，应选16个测点，测点应均匀分布，测点之间距离不少于30mm。

（4）将试件保持处在30～50kN的压力下进行试验，将回弹仪垂直对准混凝土表面并轻压回弹仪，使弹击杆伸出、挂钩挂上弹击锤，将回弹仪弹击杆垂直对准测试点，不得击在外露石子气孔上，缓慢均匀地施压，待弹击锤脱钩冲击弹击杆后，弹击锤即带动指针向后移动，直至到达一定位置时即读出回弹值（精确至1mm）。去除3个最大值、3个最小值，记录数据。

（5）碳化深度值的测量。回弹值测量完毕后，应在代表性的位置上测量碳化深度，测点不应少于构件测区数的30%，取其平均值为该构件每一测区的碳化深度值。当碳化深度值极差大于2.0mm时，应在每一测区测量碳化深度值。

测定时，可采用合适的工具在测区表面形成直径约15mm的孔洞，其深度应大于混凝土的碳化深度。孔洞中的粉末和碎屑应清除干净，而且不得用水擦洗。与此同时，应使用浓度为 1‰ 的酚酞酒精溶液，滴在孔洞内壁的边缘处。当已碳化和未碳化混凝土交界线清楚时，再用深度测量工具测量已碳化与未碳化混凝土交界面到混凝土表面的垂直距离，测量次数不应少于 3 次，并取其平均值 d_m，每次读数精确到 0.5mm。

6. 结果计算与评定

（1）回弹值的计算。

从测区的 16 个回弹值中分别剔除 3 个最大值和 3 个最小值，取其余 10 个回弹值的算术平均值，作为该测区水平方向检测的混凝土平均回弹值，精确至 0.1mm，计算式为

$$R_m = \frac{\sum\limits_{i=1}^{10} R_i}{10}$$ （7.4）

式中 R_m——测区平均回弹值，精确至 0.1mm；

R_i——第 i 个测点的回弹值，mm。

（2）回弹值检测角度及浇筑面修正。

如果检测方向为非水平方向的浇筑面或底面时，按规定需进行角度修正，计算式为

$$R_m = R_{ma} + R_{\partial a}$$ （7.5）

式中 R_{ma}——非水平状态检测时测区平均回弹值，精确至 0.1mm；

$R_{\partial a}$——非水平状态检测时回弹值修订值，应按《回弹法检测混凝土抗压强度技术规程》（JGJ/T 23—2011）中的附录 C 采用。

然后再进行浇筑面修正，计算式为

$$R_m = R_m^t + R_\partial^t$$
$$R_m = R_m^b + R_\partial^b$$ （7.6）

式中 R_m^t，R_∂^t——水平方向检测混凝土浇筑表面、底面时，测区的平均回弹值，精确至 0.1mm；

R_m^b，R_∂^b——混凝土浇筑表面、底面回弹值修订值，应按《回弹法检测混凝土抗压强度技术规程》（JGJ/T 23—2011）中的附录 D 采用。

（3）测区混凝土强度值。

依据室内试验建立的强度与回弹值关系曲线，即可查得构件测区混凝土强度换算值。如没有地区测强曲线和专用测强曲线时，可按照《回弹法检测混凝土抗压强度技术规程》（JGJ/T 23—2011）中统一测强曲线，由回弹值与碳化深度求得测区混凝土的换算值，可按照规程中附录 A 查表得出。当碳化深度不大于 2.0mm 时，每一测区混凝土求得换算值应遵循表 7.3 进行修正。

表 7.3　　　　　　　　　　混凝土测区混凝土强度换算值的修订值

碳化深度值 /mm	抗压强度值/MPa			
0、0.5、1.0	f_{cu}^c/MPa	≤40.0	45.0	50.0	55.0～60.0
	K/MPa	+4.5	+3.0	+1.5	0.0
1.5、2.0	f_{cu}^c/MPa	≤30.0	35.0	40.0～60.0	
	K/MPa	+3.0	+1.5	0.0	

（4）测定值的评定。

构件或结构的测区混凝土强度平均值可依据各测区的混凝土强度换算值计算。如果测区数为 10 个及以上时，则需计算强度标准差。而平均值及标准差应按照式（7.7）计算，即

$$m_{f_{cu}^c} = \frac{\sum\limits_{i=1}^{n} f_{cu,i}^c}{n}$$

$$S_{f_{cu}^c} = \sqrt{\frac{\sum\limits_{i=1}^{n} (f_{cu,i}^c)^2 - n(m_{f_{cu}^c})^2}{n-1}} \quad (7.7)$$

式中　$m_{f_{cu}^c}$——结构或构件的测区混凝土强度平均值，MPa，精确至 0.1MPa；

$f_{cu,i}^c$——结构或构件的测区混凝土强度换算值，MPa；

n——对于单个检测的构件，按一个构件的测区数；对于批量检测的构件，取被抽检构件的测区数之和；

$S_{f_{cu}^c}$——结构或构件的测区混凝土强度换算值的标准差，MPa。

（5）对于按批量检测的构件，当该批构件的混凝土强度标准差出现下列情况之一时，则应需将该批构件全部按单个构件进行检测：

1）当该批构件混凝土强度平均值小于 25MPa、$S_{f_{cu}^c} > 4.5$MPa 时。

2）当该批构件混凝土强度平均值不小于 25MPa 且不大于 60MPa、$S_{f_{cu}^c} > 5.5$MPa 时。

7. 注意事项

回弹仪使用完毕后，应使弹击杆伸出机壳，并应清除弹击杆、杆前端球面以及刻度尺表面和外壳上的污垢、尘土。回弹仪不用时，应将弹击杆压入机壳内，经弹击后按下按钮锁住机芯，然后装入仪器箱。回弹仪仪器箱应平放在干燥阴凉处。当数字式回弹仪长期不用时，应取出电池。

第8章 砂浆试验

8.1 概 述

1. 试验目的与依据

拌和建筑用砂浆，从而测定砂浆的基本性能。本试验以《建筑砂浆基本性能试验方法》(JGJ/T 70—2009) 为依据。

2. 主要试验仪器

(1) 砂浆搅拌机，如图 8.1 所示。

图 8.1 砂浆搅拌机

(2) 磅秤：称量 50kg，感量 50g。

(3) 台秤：称量 10kg，感量 5g。

(4) 拌和铁板：约 1.5m×2m，厚度约 3mm。

(5) 其他：拌铲、抹刀、量筒等。

3. 试验准备

(1) 试验室拌制砂浆进行试验时，拌和用的材料要求提前运入室内，拌和时试验室的温度应保持在 20℃±5℃。

(2) 试验室拌制砂浆时，材料应称重计量。称量的精确度：水泥、外加剂等为±0.5%；砂、石灰膏、黏土膏、粉煤灰和磨细生石灰粉为±1%。

(3) 试验用水泥和其他原材料应与现场使用材料一致。水泥如有结块应充分混合均匀，以 0.9mm 筛过筛，砂也应以5mm 筛过筛。

(4) 拌制砂浆前，应将拌和铁板、拌铲、抹刀等工具表面用水润湿，保证拌和铁板上不得有水存在。

4. 拌和方法

(1) 机械搅拌。

1) 先拌适量砂浆（应与试验用砂浆配合比相同），使搅拌机内壁黏附一薄层水泥砂浆，使正式拌和时的砂浆配合比准确，保证拌制质量。

2) 先称量出各材料用量，再将砂、水泥装入搅拌机内。

3) 开动搅拌机，将水缓缓加入（混合砂浆需将石灰膏等用水稀释成浆状），搅拌约3min（搅拌的用量不宜少于搅拌容量的 20%，搅拌时间不宜少于 2min）。

4) 将砂浆拌合物倒入拌和铁板上，用拌铲翻拌约两次，保证混合物均匀为止。

(2) 人工拌和。

1）将称量好的砂子倒在拌和铁板上，然后加入水泥，用拌铲拌和至混合物颜色均匀一致为止。

2）将混合物堆成堆，在中间作一凹槽，将称好的石灰膏（或黏土膏）倒入凹槽中（如为水泥砂浆，即将称好的水倒一半入凹槽中），再倒入适量的水，将石灰膏（或黏土膏）调稀，然后与水泥、砂共同拌和，并逐渐加水，仔细拌和均匀，直至拌合物色泽一致。

3）砂浆拌合物每翻拌一次，需用铁铲将全部砂浆压切一次。一般需拌和 5min（从加水完毕时算起），直至拌合物颜色均匀。

5．砂浆拌合物取样方法

（1）建筑砂浆试验用料应根据不同要求，可从同一盘搅拌机或同一车运送的砂浆中取出；当试验室取样时，可从机械拌和或人工拌和的砂浆中取出。

（2）施工中取样进行砂浆试验时，其取样方法和原则需按相应的施工验收规范执行。应在使用地点的砂浆槽、砂浆运送车或搅拌机出料口，至少从 3 个不同部位取样。所取试样的数量应多于试验用料的 1～2 倍。

（3）砂浆拌合物取样后，应尽快进行试验。现场取来的试样，试验前应经人工再翻拌，以保证其质量均匀。

8.2 砂 浆 稠 度 试 验

1．试验目的

测定砂浆稠度，主要是用于确定配合比。施工过程中控制砂浆稠度，是为了控制用水量，达到保证砂浆质量的目的。

2．主要试验仪器

（1）砂浆稠度测定仪。如图 8.2 所示，由试锥、盛浆容器（圆锥筒）和支座三部分组成。试锥由钢材或铜材制成，锥高 145mm，锥底直径 75mm，试杆连同滑杆重 300g±2g；盛浆容器由钢板制成的截头圆锥形，筒高 180mm，锥底内径 150mm；支座分底座、支架及稠度显示三部分，由铸铁、钢及其他金属制成。

（2）钢制捣棒。直径 10mm，长 350mm，端部磨圆。

（3）其他设备。抹刀、铁铲和秒表等。

3．试验步骤

（1）将试锥、盛浆容器表面用湿布擦净，用少量润滑油轻擦滑杆，保证滑杆能够自由滑动。

（2）将砂浆拌合物一次装入盛浆容器，使砂浆表面约低于容器口 10mm，用捣棒自容器中心向边缘插捣 25 次（前 12 次需插到筒底），然后轻击容器 5～6 下，使砂浆表面平整，立即将容器置于稠度测定仪的底座上。

（3）放松试锥滑杆的制动螺钉，使试锥调至尖端与砂浆表面

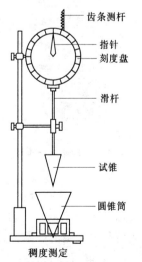

图 8.2 砂浆稠度仪

接触，拧紧制动螺钉，使齿条测杆下端刚接触滑杆上端，并将指针对准零点。

（4）突然拧开制动螺钉，使锥体自由落入砂浆中，同时按动秒表计时，待10s立即拧紧固定螺钉，使齿条测杆下端接触滑杆上端，从刻度盘上读出下沉深度（精确至1mm），即为砂浆稠度值。

4. 结果处理

砂浆稠度试验结果应以两次测定值的算术平均值为测定值，计算精确至1mm。两次测试值之差如大于20mm，应另取砂浆搅拌后重新测定。

5. 操作要点

（1）往盛浆容器中装入砂浆试样前，一定要将砂浆翻拌均匀，干稀一致。

（2）试验时应将刻度盘牢牢固定在相应位置，不得有松动，以免影响检测精度。

（3）砂浆从开始加水拌和到稠度测定完毕，必须在30min以内完成；否则应重新拌料。

（4）砂浆试样不得重复使用，重新测定应重取新的试样。

（5）到工地检查砂浆稠度时，如砂浆稠度仪不便携带，可携下试锥，在工地找其他容器装置砂浆做简易测定，用钢尺量测砂浆稠度，但应注意须垂直量测。

8.3 砂浆的分层度试验

1. 试验目的

分层度试验是为测定砂浆拌合物在运输、停放、使用过程中的保水能力，即离析、泌水等内部组分的稳定性，是评定砂浆质量的重要指标。

图8.3 砂浆分层度筒

2. 主要试验仪器

（1）砂浆分层度筒。由金属制成，内径为150mm，上节无底，高度为200mm，下节带底，净高为100mm，如图8.3所示。其由连接螺柱在两侧连接，上、下层连接处需加宽到3～5mm，并设有橡胶垫圈。

（2）水泥胶砂振动台。振幅为0.5mm±0.05mm，频率为50Hz±3Hz。

（3）木锤。

（4）其他仪器同砂浆稠度试验。

3. 试验步骤

（1）标准方法。

1）将砂浆拌合物按砂浆稠度试验方法测定稠度。

2）将砂浆拌合物翻拌后一次装入分层度试筒内，用木锤在分层度试验筒四周距离大致相等4个不同地方轻击1～2次，如果砂浆沉落到分层度筒口以下，应随时添加砂浆，然后刮去多余的砂浆，并用抹刀抹平表面。

3）静置30min后，去掉上节200mm砂浆，将剩余的100mm砂浆倒出来，在拌和锅内拌2min，再按稠度试验方法测定其稠度。前后两次稠度之差即为该砂浆的分层度值（mm）。

（2）快速测定方法。

1）将砂浆拌合物按砂浆稠度试验方法测定稠度。

2）将分层度测定仪先固定在振动台上，砂浆一次装入分层度测定仪内，振动 20s。

3）去掉上节 200mm 砂浆，剩 100mm 砂浆倒出放在拌锅内拌 2min，再按稠度试验方法测定其稠度。前、后两次稠度之差即为该砂浆的分层度值（mm）。

4. 结果处理

（1）以两次试验结果的平均值作为该砂浆的分层度值。

（2）若两次分层度值之差大于 20mm，则应重新做试验。

8.4 砂浆抗压强度试验

1. 试验目的

测定砂浆的抗压强度，以确定、校核砂浆配合比，进而控制施工质量，确定砂浆强度等级，以此作为评定砂浆质量的主要指标。

2. 主要试验仪器

（1）WAY-2000 型电液式压力试验机。精度应为 1％，试件破坏荷载应不小于压力机量程的 20％，且不应大于全程量的 80％，如图 8.4 所示。

图 8.4　电液式压力试验机　　　　　　图 8.5　试模

（2）试模。应为 70.7mm×70.7mm×70.7mm 带底试模，由钢制成，应具有足够的刚度并拆装方便。试模内表面应进行机械加工，其不平度应为每 100mm 不超过 0.05mm，组装后各相邻面的不垂直度不应超过 ±0.5°，如图 8.5 所示。

（3）钢制捣棒。直径为 10mm，长度为 350mm 的钢棒，端部磨圆。

（4）垫板。试验机上、下压板及试件之间可垫以钢板，垫板的尺寸应大于试件的承压面，其不平度应为 100mm，不超过 0.02mm。

（5）钢直尺。

（6）振动台。空载中台面的垂直振幅应为 0.5mm±0.05mm，空载频率应为 50Hz±

3Hz，空载台面振幅均匀度不应大于10%，一次试验应至少能固定3个试模。其技术参数与混凝土试验振动台技术参数基本一致，混凝土振动台即可使用。

3. 试验步骤

（1）试件的制作及养护。

1）采用标准。按《砌体工程施工及验收规范》（GB 5003—2002）、《建筑用砂基本性能试验方法标准》（JGJ/T 70—2009）进行。

2）试块数量。应采用立方体试件，每组试块数量为3块。

3）试模的准备工作。应采用黄油等密封材料涂抹试模的外接缝，试模内应涂刷薄层机油或隔离剂，应将拌制好的砂浆一次性装满砂浆试模。

4）成型时振捣方式。成型时振捣方式分为两种，根据稠度而定。当稠度不小于50mm时，宜采用人工振捣成型；当稠度小于50mm时，宜采用振动台振实成型。这是由于当稠度小于50mm时，人工插捣较难密实，且人工振捣宜留下插孔影响强度的结果。成型方式的选择以充分密实、避免离析为原则。

a. 人工振捣。应采用捣棒均匀地由边缘向中心按螺旋方式插捣25次，插捣过程中当砂浆沉落低于试模口时，应随时添加砂浆，可用油灰刀插捣数次，并用手将试模一边抬高5～10mm各振动5次，砂浆应高出试模顶面6～8mm。

b. 机械振实。将砂浆一次装满试模，放置到振动台上，振动时试模不得跳动，振动5～10s或持续到表面泛浆为止，不得过振。

5）试块抹平。待表面水分稍干后，再将高出试模部分的砂浆沿试模顶面刮去并抹平。采用钢底模后因底模材料不吸水，表面出现麻斑状态的时间会较长，为避免砂浆沉缩，试件表面高于试模，一定要在出现麻斑状态后，再将高出试模部分的砂浆沿试模顶面刮去并抹平。

6）试块拆模及养护条件。试件制作后应在温度为20℃±5℃的环境下静置24h±2h，然后对试件进行编号、拆模。当气温较低时，或者砂浆凝结时间大于24h，可适当延长时间，但不应超过2d。水泥砂浆、混合砂浆试件拆模后应统一立即放入温度为20℃±2℃、相对湿度为90%以上的标准养护室中养护。养护期间，试件彼此间隔不得小于10mm，而混合砂浆、湿拌砂浆试件上面应覆盖塑料布，防止有水滴在试件上。

7）龄期。标准养护时间应从加水搅拌开始，标准养护龄期为28d，非标准养护龄期一般为7d或14d。

（2）抗压强度试验。

1）试件从以养护地点取出后应及时进行试验，以免试件内部的温、湿度发生显著的变化。试验前，将试件表面擦干净，测量尺寸并检查外观，并计算试件的承受面积，当实际尺寸与公称尺寸之差不超过1mm时，可按照公称尺寸进行计算，组装后各相邻面的不垂直度不应超过±0.5°。

2）将试件安放在试验机的下压板上或下垫板上，试件的承受面应与成型时的顶面垂直，试件中心应与试验机下压板或下垫板中心对准。开动试验机，当上压板与试件或下垫板接近时，调整球座，使接触面均衡受压。承压试验应连续而均匀地加荷，加荷速度应为0.25～1.5kN/s（砂浆强度不大于2.5MPa时，宜取下限值；大于2.5MPa时，应取上限值）。当试件接近破坏而开始迅速变形时，停止调整试验机油门，直至试件破坏，然后记录破坏荷载 F。

4. 结果处理

（1）抗压强度计算公式。砂浆立方体抗压强度计算式为

$$f_{m,cu} = \frac{F}{A} \tag{8.1}$$

式中　　$f_{m,cu}$——砂浆立方体抗压强度，MPa；

　　　　F——立方体试件破坏荷载，N；

　　　　A——试件承压面积，mm^2。

计算应精确到 0.1MPa。

（2）砂浆抗压强度试验值判定。

1）应以 3 个试件测值的算术平均值的 1.3 倍作为该组试件的砂浆立方体抗压强度平均值，精确到 0.1MPa。

2）当 3 个测值的最大值或最小值有一个与中间值的差值超过中间值的 15% 时，应把最大值及最小值一并舍去，取中间值作为该组试件的抗压强度值。

3）当两个值与中间值的差值超过中间值的 15% 时，该组试件结果为无效。

第9章 砌墙砖试验

9.1 尺寸偏差测量与外观质量检查

1. 试验目的

检测砖的尺寸和外观质量，从而判断砖的质量等级。

2. 试验仪器

(1) 砖用卡尺。分度值0.5mm，如图9.1所示。

(2) 钢直尺。分度值为1mm。

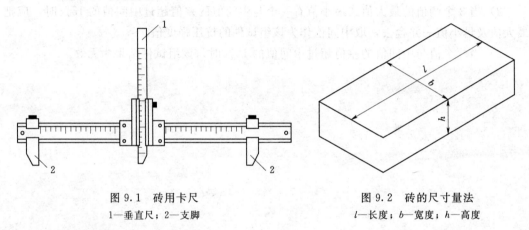

图 9.1 砖用卡尺
1—垂直尺；2—支脚

图 9.2 砖的尺寸量法
l—长度；b—宽度；h—高度

3. 试验步骤

(1) 尺寸检测。测定砖样的长度和宽度时，应在砖的两个大面的中间处分别检测两个尺寸；测定其高度时，应在砖的两个条面的中间处分别检测两个尺寸，如图9.2所示。当被测处有缺损或凸出时，可在其旁边检测，但应选择不利的一侧进行检测。

(2) 外观质量检测。

1) 缺损。缺棱掉角在砖上造成的破损程度，以破损部分对长、宽、高3个棱边的投影尺寸来度量，称为破坏尺寸。缺损造成的破坏面，系指缺损部分对条、顶面（空心砖为条、大面）的投影面积。空心砖内壁残缺及肋残缺尺寸，以长度方向的投影尺寸来度量。

2) 裂纹。裂纹分为长度方向、宽度方向和水平方向3种，以被检测方向上的投影长度表示。如果裂纹从一个面延伸至其他面上时，则累计其延伸的投影长度，如图9.3所示。多孔砖的孔洞与裂纹相通时，则将孔洞包括在裂纹内一并检测，如图9.4所示。裂纹长度以在3个方向上分别测得的最长裂纹作为检测结果。

3) 弯曲。弯曲分别在大面和条面上检测，检测时将砖用卡尺的两个脚沿棱边两端设

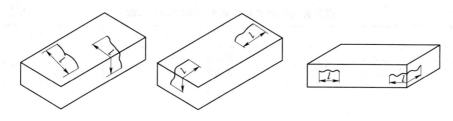

(a) 宽度方向裂纹长度量法　　(b) 长度方向裂纹长度量法　　(c) 水平方向裂纹长度量法

图 9.3　砖裂纹长度量法

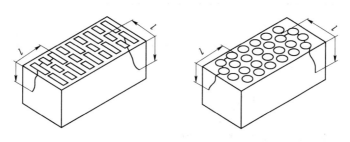

图 9.4　多孔砖裂纹通过孔洞时的尺寸量法

l—裂纹总长度

置，择其弯曲最大处将垂直尺推至砖面，如图 9.5 所示。但不应将因杂质或碰伤造成的凹陷计算在内。以弯曲检测中测得的较大者作为检测结果。

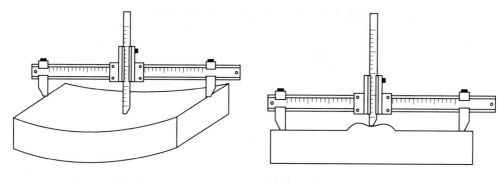

图 9.5　砖的弯曲量法　　　　　　　　图 9.6　砖的杂质凸出量法

4）砖杂质凸出高度量法。杂质在砖面上造成的凸出高度，以杂质离砖面的最大距离表示。检测时将砖用卡尺的两只脚置于杂质凸出部分两侧的砖平面上，以垂直尺检测，如图 9.6 所示。

5）色差。装饰面朝上随机分成两排并列，在自然光下距离砖样 2m 处目测。

4. 结果评定

（1）尺寸检测结果分别以长度、宽度和高度的最大偏差值表示，不足 1mm 者按 1mm 计。

（2）外观检测以 mm 为单位，不足 1mm 者按 1mm 计，烧结砖尺寸允许偏差和外观质量见表 9.1～表 9.6，通过比较，进而评价砖的质量等级。

表 9.1　　　　　　　　　　烧结普通砖尺寸允许偏差（GB 5101—2003）　　　　　　单位：mm

公称尺寸	优等品		一等品		合格品	
	样本平均偏差	样本极差≤	样本平均偏差	样本极差≤	样本平均偏差	样本极差≤
240	±2.0	8	±2.5	8	±3.0	8
115	±1.5	4	±2.0	4	±2.5	7
53	±1.58	5	±1.6	5	±2.0	6

表 9.2　　　　　　　　　　烧结普通砖外观质量（GB 5101—2003）　　　　　　　单位：mm

项　　目	优等品	一等品	合格品
两条面高度差≤	2	3	5
弯曲≤	2	3	5
杂质凸出高度≤	2	3	5
缺棱掉角的 3 个破坏尺寸　（不得同时大于）	15	20	30
裂纹长度≤ （1）大面上宽度方向及其延伸至条面上水平裂纹的长度 （2）大面上长度方向及其延伸至顶面或条面上水平裂纹的长度	30 50	60 80	80 100
完整面≥	二条面和二顶面	一条面和一顶面	—
颜色	基本一致	—	—

表 9.3　　　　　　　　　　烧结多孔砖尺寸允许偏差（GB 5101—2003）　　　　　单位：mm

尺寸	优等品		一等品		合格品	
	样本平均偏差	样本极差≤	样本平均偏差	样本极差≤	样本平均偏差	样本极差≤
290、240	±2.0	6	±2.5	7	±3.0	8
190、180、175、140、115	±1.5	5	±2.0	6	±2.5	7
90	±1.5	4	±1.7	5	±2.0	6

表 9.4　　　　　　　　　　烧结多孔砖外观质量（GB 5101—2003）　　　　　　　单位：mm

项　　目	优等品	一等品	合格品
缺棱掉角的 3 个破坏尺寸　不得同时大于	15	20	30
裂纹长度≤ （1）大面上深入孔壁 15mm 以上宽度方向及其延伸至条面的长度 （2）大面上深入孔壁 15mm 以上长度方向及其延伸至顶面的长度 （3）条面上的水平裂纹	60 60 80	80 100 100	100 100 120
杂质凸出高度≤	2	3	5
完整面≥	一条面和一顶面	一条面和一顶面	
颜色（一条面和一顶面）	一致	基本一致	

表 9.5 　　　　　　烧结空心砖尺寸允许偏差（GB 13545—2003）　　　单位：mm

尺寸	优等品	一等品	合格品
>200	±4	±5	±7
200～100	±3	±4	±5
<100	±3	±4	±4

表 9.6 　　　　　　　　空心孔砖外观质量（GB 13545—2003）　　　单位：mm

项　　目	优等品	一等品	合格品
弯曲≤	3	4	4
缺棱掉角的3个破坏尺寸　（不得同时大于）	15	30	40
未贯穿裂纹长度≤			
（1）大面上宽度方向及其延伸至条面的长度	不允许	100	140
（2）大面上长度方向或条面上水平方向的长度	不允许	120	160
贯穿裂纹长度≤			
（1）大面上宽度方向及其延伸至条面的长度	不允许	60	80
（2）壁、肋沿长度方向、宽度方向及其水平方向的长度	不允许	60	80
肋、壁内残缺长度≤	不允许	60	80
完整面≥	一条面和一大面	一条面和一大面	
欠火砖和酥砖	不允许	不允许	不允许

9.2 石 灰 爆 裂 试 验

1. 试验目的

测定砖石灰爆裂程度，指导试验人员按规程正确操作，确保试验结果科学准确。

2. 试验依据

按《砌墙砖试验方法》（GB/T 2542—2003）、《烧结普通砖》（GB/T 5101—2003）、《烧结多孔砖》（GB 13544—2000）、《烧结空心砖和空心砌块》（GB 13545—2003）、《非烧结砖垃圾尾矿砖》（JC/T 422—2007）进行。

3. 适用范围和环境条件

适用于工业与民用建筑烧结砖及非烧结砖，常温下在物理室内进行。

4. 试验设备

（1）蒸煮箱。

（2）钢直尺，分度值为 1mm。

5. 试验步骤

（1）试样准备。

1）试样为未经雨淋或浸水，且近期生产的砖样，数量为 5 块。

2）做试验前检查每块试样，将不属于石灰爆裂的外观缺陷做标记。

（2）试验步骤。

1）将试样平行侧立于蒸煮箱内的箅子板上，试样间隔不得小于 50mm，箱内水面应低于箅上板 40mm。

2）加盖蒸 6h 后取出。

3）检查每块试样上因石灰爆裂（含试验前已出现的爆裂）而造成的外观缺陷，记录其尺寸（mm）。

6. 结果判定

（1）以每块试样石灰爆裂区域的尺寸最大者表示，精确至 1mm。

（2）优等品：不允许出现最大破坏尺寸大于 2mm 爆裂区域。一等品：最大破坏尺寸大于 2mm，且小于等于 10mm 的爆裂区域，每组砖样不得多于 15 处；不允许出现最大破坏尺寸大于 10mm 的爆裂区域。合格品：最大破坏尺寸大于 2mm 且小于等于 15mm 的爆裂区域，每组砖样不得多于 15 处。其中大于 10mm 的不得多于 7 处；不允许出现最大破坏尺寸大于 15mm 爆裂区域。

9.3 砖 的 泛 霜 试 验

1. 试验目的

测定砖的泛霜程度，从而判断砖的质量等级。

2. 试验依据

按《砌墙砖试验方法》（GB/T 2542—2003）、《烧结普通砖》（GB/T 5101—2003）、《烧结多孔砖》（GB 13544—2000）、《烧结空心砖和空心砌块》（GB 13545—2003）、《非烧结砖垃圾尾矿砖》（JC/T 422—2007）进行。

3. 试验仪器

（1）鼓风干燥箱。

（2）耐腐蚀的浅盘 5 个，容水深度为 25～35mm。

（3）能盖住浅盘的透明材料 5 张，在其中间部分开有大于待测试样宽度、高度或长度 5～10mm 的矩形孔。

（4）干、湿球温度计或其他温、湿度计。

4. 试验准备

（1）待测试样为未经雨淋或浸水且近期生产的砖样，数量为 5 块。

（2）普通砖、多孔砖用整砖，空心砖用 1/2 块试验，可以用体积密度测定后的试样，从长度方向的中间处锯取。

5. 试验步骤

（1）将沾附在试样表面的粉尘刷掉并编号，然后放入 105～110℃的鼓风干燥箱中干燥 24h，取出冷却至常温。

（2）将试样顶面或有孔洞的面朝上分别置于 5 个浅盘中，往浅盘中注入蒸馏水，水面高度不低于 20mm，用透明材料覆盖在浅盘上，并将试样暴露在外面，记录时间。

（3）试样浸在盘中的时间为7d，开始2d内经常加水以保持盘内水面高度，以后则保持浸在水中即可。在整个试验过程中要求环境温度为16～32℃，相对湿度为30％～70％。

（4）7d后取出试样，在同样的环境条件下放置4d，然后在105～110℃的鼓风干燥箱中连续干燥24h，取出冷却至常温，记录干燥后的泛霜程度。

（5）7d后开始记录泛霜情况，每天一次。

6. 结果评定

（1）泛霜程度根据记录以最严重者表示。

（2）泛霜程度划分如下：

无泛霜：试样表面几乎看不到盐析。

轻微泛霜：试样表面出现了一层细小明显的霜膜，但试样表面仍清晰。

中等泛霜：试样部分表面或棱角出现明显的霜层。

严重泛霜：试样表面出现砖粉，掉屑和脱皮现象。

9.4 砖 的 冻 融 试 验

1. 试验目的

测定砖的冻融参数，指导试验人员按规程正确操作，确保试验结果科学、准确。

2. 试验依据

按《砌墙砖试验方法》（GB/T 2542—2003）、《烧结普通砖》（GB/T 5101—2003）、《烧结多孔砖》（GB 13544—2000）、《烧结空心砖和空心砌块》（GB 13545—2003）、《非烧结砖垃圾尾矿砖》（JC/T 422—2007）进行。

3. 适用范围和环境条件

适用于工业与民用建筑烧结砖、非烧结砖，在常温下物理室内进行。

4. 取样大小及方法

同一生产厂家、同一等级或同一标号，批量在3.5万～15万块为一个取样单位；不足3.5万块也按一批计。样品用随机抽样法从外观质量检测后的样品中抽取，冻融5块。

5. 仪器设备

（1）低温箱或冷冻室。放入试样后箱内温度可调到−20℃或−20℃以下。

（2）水槽。保持槽中水温以10～20℃为宜。

（3）台秤。分度值为5g。

（4）鼓风干燥箱。最高温度为200℃。

6. 检测步骤

（1）用毛刷清理表面，并按顺序进行编号。将试样放入鼓风干燥箱中，在105～110℃下干燥至恒重（在干燥过程中，前后两次称量相差不超过0.2％，前后两次称量时间间隔为2h），称其质量G_0，并检查其外观，将缺棱掉角和裂纹作标记。

（2）将试样浸在10～20℃的水中，24h后取出，用湿布拭去表面水分，以大于20mm的间距大面侧向立放于预先降温至−15℃以下的冷冻箱中。

（3）当箱内温度再次降至−15℃时开始计时，在−20～−15℃下冰冻3h。然后取出放入 10～20℃ 的水中融化，烧结砖不少于 3h，非烧结砖不少于 5h。如此为一次冻融循环。

（4）每 5 次冻融循环，检查一次冻融过程中出现的破坏情况，如冻裂、缺棱、掉角、剥落。

（5）冻融过程中，如发现试样的冻坏超过外观规定时，应继续试验至 15 次冻融循环结束为止。

（6）15 次冻融循环后，检查并记录试样在冻融过程中冻裂长度、缺棱掉角和剥落等破坏情况。

（7）经 15 次冻融循环后的试样，放入鼓风干燥箱中，按规定干燥至恒量（前后两次称量相差不超过 0.2%，前后两次称量时间间隔为 2h），称其质量 G_1。烧结砖若未发现冻坏现象，则可不进行干燥称量。

（8）将干燥后的试样（非烧结砖再在 10～20℃ 的水中浸泡 24h）按规定进行抗压强度试验。

（9）各砌墙砖可根据其产品标准要求进行其中部分试验。

7. 结果计算与评定

（1）质量损失率按式（9.1）计算（精确至 0.1%），即

$$G_m = \frac{G_0 - G_1}{G_0} \times 100\% \tag{9.1}$$

式中　G_m——质量损失率，%；

　　　G_0——试样冻融前干质量，g；

　　　G_1——试样冻融后干质量，g。

（2）结果判定。每块砖样不允许出现裂纹、分层、缺棱、掉角等冻坏现象；质量损失率不得大于 2% 为合格品。

9.5　砖吸水率与饱和系数试验

1. 试验目的

检测砖吸水率及饱和系数参数，指导检测人员按规程正确操作，确保检测结果科学、准确。

2. 试验依据

按《砌墙砖试验方法》（GB/T 2542—2003）、《烧结普通砖》（GB/T 5101—2003）、《烧结多孔砖》（GB 13544—2000）、《烧结空心砖和空心砌块》（GB 13545—2003）、《非烧结砖垃圾尾矿砖》（JC/T 422—2007）进行。

3. 适用范围

适用于工业与民用建筑烧结砖及非烧结砖。

4. 取样大小及方法

同一生产厂家、同一等级或同一标号，批量在 3.5 万～15 万块为一个取样单位；不足 3.5 万块也按一批计。样品用随机抽样法从外观质量检测后的样品中抽取，吸水率和饱

和系数检测 5 块。

5. 仪器设备

(1) 台秤。分度值为 5g。

(2) 鼓风干燥箱。

(3) 其他仪器：蒸煮箱、水槽等。

6. 试验步骤

(1) 取试样普通砖 5 块，清理试样表面，并注写编号，然后置于 105～110℃ 鼓风干燥箱中干燥至恒重，除去粉尖后，称其干质量为 G_0。

(2) 将干燥试样浸水 24h，水温为 −30～10℃。

(3) 取出试样，用湿毛巾拭去表面水分，立即称量，称量时试样毛细孔渗出于秤盘中水的质量亦应计入吸水质量中，所得质量为浸泡 24h 的湿质量 G_{24}。

(4) 将浸泡 24h 后的湿试样侧立放入蒸煮箱的箅子板上，试样间距不得小于 10mm，注入清水，箱内水面应高于试样表面 50mm，加热至沸腾，沸煮 5h。饱和系数试验煮沸 5h，停止加热，冷却至常温。

(5) 称量试样干质量 G_0 和沸煮 5h 的湿质量 G_5。

7. 结果计算

(1) 常温水浸泡 24h 试样吸水率 W_{24} 按式 (9.2) 计算（精确至 0.1%），即

$$W_{24} = \frac{G_{24} - G_0}{G_0} \times 100\%$$ (9.2)

式中　W_{24}——常温下水浸泡 24h 试样吸水率，%；

　　　G_0——试样干质量，g；

　　　G_{24}——试样浸水 24h 的湿质量，g。

(2) 试样沸煮 5h 吸水率 W_5 按式 (9.3) 计算（精确至 0.1%），即

$$W_5 = \frac{G_5 - G_0}{G_0} \times 100\%$$ (9.3)

式中　W_5——试样沸煮 5h 吸水率，%；

　　　G_5——试样沸煮 5h 的湿质量，g；

　　　G_0——试样干质量，g。

(3) 每块试样的饱和系数 K 按式 (9.4) 计算（精确至 0.01），即

$$K = \frac{G_{24} - G_0}{G_5 - G_0}$$ (9.4)

式中　K——试样饱和系数；

　　　G_{24}——常温水浸泡 24h 试样湿质量，g；

　　　G_5——试样沸煮 5h 的湿质量，g。

8. 结果计算与评定

(1) 结果计算。试样吸水率以 5 块试样的算术平均值表示（精确至 1%）；饱和系数以 5 块试样的算术平均值表示（精确至 0.01）。

(2) 结果评定。

1）烧结砖。烧结砖吸水率和饱和系数应符合表 9.7 的要求。对于严重风化区中的黑龙江省、吉林省、辽宁省、内蒙古自治区、新疆维吾尔自治区的砖必须进行冻融试验，其他地区的砖的抗风化性能符合标准规定时可不做冻融试验；否则必须进行冻融试验。

表 9.7　　　　　　　　　　烧结砖抗风化性能

砖种类	严重风化区				非严重风化区			
	5h 沸煮吸水率/%		饱和系数		5h 沸煮吸水率/%		饱和系数	
	平均值	单块最大值	平均值	单块最大值	平均值	单块最大值	平均值	单块最大值
黏土砖	≤18	≤20	≤0.85	≤0.87	≤19	≤20	≤0.88	≤0.90
粉煤灰砖	≤21	≤23			≤23	≤25		
页岩砖	≤16	≤18	≤0.74	≤0.77	≤18	≤20	≤0.78	≤0.80
煤矸石								

2）空心砖。空心吸水率应符合表 9.8 的要求。

表 9.8　　　　　　　　　　空 心 砖 吸 水 率

等　　级	吸水率	
	黏土砖、页岩砖、煤矸石砖	粉煤灰砖
优等品	≤15.0	≤20.0
一等品	≤18.0	≤22.0
合格品	≤20.0	≤24.0

3）多孔砖。多孔砖吸水率和饱和系数应符合表 9.9 的要求。

表 9.9　　　　　　　　　　多 孔 砖 抗 风 化 性 能

砖种类	严重风化区				非严重风化区			
	5h 沸煮吸水率/%		饱和系数		5h 沸煮吸水率/%		饱和系数	
	平均值	单块最大值	平均值	单块最大值	平均值	单块最大值	平均值	单块最大值
黏土砖	≤21	≤23	≤0.85	≤0.87	≤23	≤25	≤0.88	≤0.90
粉煤灰砖	≤23	≤25			≤30	≤32		
页岩砖	≤16	≤18	≤0.74	≤0.77	≤18	≤20	≤0.78	≤0.80
煤矸石	≤19	≤21			≤21	≤23		

9.6　砖抗压强度试验

1. 试验目的

测定砖的抗压强度，作为评定砖强度等级的依据。

2. 试验仪器

（1）材料试验机。试验机的示值相对误差不超过±1%，其上、下加压板至少应有一个为球形铰支座，预期最大破坏荷载应在量程的 20%～80%。

（2）抗压检测试件制备平台. 检测试件制备平台必须平整水平，可用金属或其他材料制作。

（3）水平尺。规格为 250～350mm。

（4）钢直尺。分度值不应大于 1mm。

（5）振动台、制样模具、搅拌机、切割设备应符合国标的要求。

3. 试件制备

（1）烧结普通砖。

1）每次做试验时用砖 10 块，将待测试样切断或锯成两个半截砖，断开后的半截砖长不得小于 100mm，如图 9.7 所示。若不足 100mm，则应另取备用试样补足。

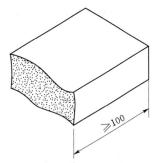

图 9.7　半截砖长度示意图
（单位：mm）

2）在抗压检测试样制备平台上，将已断开的半截砖放入室温的净水中浸 10～20min 后取出，并以断口相反方向叠放，两者中间抹以厚度不超过 5mm 的水泥净浆（水泥浆用 42.5 级的普通硅酸盐水泥调制，稠度要适宜）黏结，上下两面用厚度不超过 3mm 的同种水泥浆抹平。制成的检测试件上下两面应该相互平行，并且垂直于侧面，如图 9.8 所示。

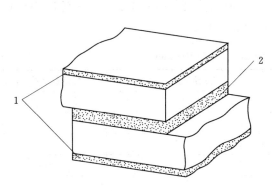

图 9.8　水泥砂浆层厚度示意图
1—净浆层厚 3mm；2—净浆层厚 5mm

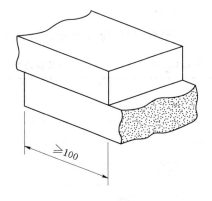

图 9.9　半砖叠合示意图（单位：mm）

（2）非烧结砖。将同一块检测试样的两半截砖断口相反叠放，叠合部分不得小于 100mm，如图 9.9 所示，即作为抗压强度检测试件。若不足 100mm 时，则应剔除，另取备用检测试样补足。

（3）多孔砖、空心砖。

1）多孔砖以单块整砖沿竖孔方向加压，空心砖以单块沿大面和条面方向分别加压。

2）试件制作采用坐浆法操作。即用玻璃板置于抗压检测试件制备平台上，其上铺一张湿的垫纸，纸上铺一层厚度不超过 5mm 稠度适宜的水泥净浆（用 32.5 或 42.5 级的普通硅酸盐水泥制成），再将已在水中浸泡 10～20min 的试样平稳地将其受压面放在水泥浆上，对另一受压面上稍加压力，使整个水泥层与砖的受压面相互黏结紧密，且砖的侧面应垂直于玻璃板。待水泥浆适当凝固后，连同玻璃板翻放在另一铺纸放浆的玻璃板上，再进行坐浆，并且使用水平尺校正好玻璃板的水平。

4. 试件养护

（1）制成的抹面试件置于不低于10℃的不通风室内养护3d，方可试验。

（2）非烧结砖检测试件，不需要养护，直接进行试验。

5. 试验步骤

（1）测量每个试件连接面或受压面的长、宽尺寸各两个，分别取其平均值（精确至1mm）。

（2）将试件平放在加压设备的中央，垂直于受压面加荷，应均匀、平稳，不得发生冲击或振动，加荷速度以（5±0.5)kN/s为宜。直至试件破坏为止，记录最大破坏荷载P。

6. 结果处理

（1）每块试样的抗压强度按式（9.5）计算（精确至0.1MPa），即

$$R_P = P/LB \tag{9.5}$$

式中　R_P——砖样检测试块的抗压强度，MPa；

　　　P——最大破坏荷载，N；

　　　L——试件受压面（连接面）的长度，mm；

　　　B——试件受压面（连接面）的宽度，mm。

（2）试验结果以试样抗压强度的算术平均值和单块最小值表示（精确至0.1MPa）。

（3）烧结砖强度应符合表9.10～表9.12的规定。

表 9.10　　　　　烧结普通砖强度等级（GB 5101—2003）　　　　单位：MPa

强度等级	抗压强度平均值$\overline{f}$	变异系数 $\delta \leqslant 0.21$ 强度标准值 f_K	变异系数 $\delta > 0.21$ 单块最小抗压强度值 f_{min}
MU30	≥30.0	≥22.0	≥25.0
MU25	≥25.0	≥18.0	≥22.0
MU20	≥20.0	≥14.0	≥16.0
MU15	≥15.0	≥10.0	≥12.0
MU10	≥10.0	≥6.5	≥7.5

表 9.11　　　　　烧结多孔砖强度等级（GB 13544—2000）　　　　单位：MPa

强度等级	抗压强度平均值$\overline{f}$	变异系数 $\delta \leqslant 0.21$ 强度标准值 f_K	变异系数 $\delta > 0.21$ 单块最小抗压强度值 f_{min}
MU30	≥30.0	≥22.0	≥25.0
MU25	≥25.0	≥18.0	≥22.0
MU20	≥20.0	≥14.0	≥16.0
MU15	≥15.0	≥10.0	≥12.0
MU10	≥10.0	≥6.5	≥7.5

表 9.12	烧结空心砖强度等级（GB 13545—2003）		单位：MPa
强度等级	抗压强度平均值 $\bar{f}$	变异系数 $\delta \leqslant 0.21$ 强度标准值 f_K	变异系数 $\delta > 0.21$ 单块最小抗压强度值 f_{min}
MU10	≥10.0	≥7.0	≥8.0
MU7.5	≥7.5	≥5.0	≥5.8
MU5.0	≥5.0	≥3.5	≥4.0
MU3.0	≥3.5	≥2.5	≥2.8
MU2.0	≥2.5	≥1.6	≥1.8

9.7 砖抗折强度试验

1. 试验目的

测定砖的抗折强度，从而判断砖的质量等级。

2. 试验仪器

(1) 材料试验机。试验机的示值相对误差不超过±1%，其上、下加压板至少应有一个球形铰支座，顶期最大破坏荷载应在量程的20%～80%之间。

(2) 抗折夹具。抗折检测的加荷形式为三点加荷，其上压辊和直支辊的曲率半径为15mm，下支辊应有一个为铰接固定。

(3) 钢直尺。分度值为1mm。

3. 试样准备

(1) 非烧结砖应放在温度为20℃±5℃的水中浸泡24h后取出，用湿布拭去其表面水分进行抗折试验。

(2) 粉煤灰砖和矿渣砖在养护结束后24～36h内进行试验。

(3) 烧结砖不需浸水及其他处理，直接进行试验。

4. 试验步骤

(1) 按尺寸检测的规定，测量试样的宽度和高度尺寸各两个，分别取其算术平均值（精确至1mm）。

(2) 调整抗折夹具下支辊的跨距为砖规格长度减去40mm，但规格长度为190mm的砖样，其跨距为160mm。

(3) 将试样大面平放在下支辊上，试样两端面与下支辊的距离应相同，当试样有裂缝或凹陷的大面朝下，以50～150N/s的速度均匀加荷，直至试样断裂，记录最大破坏荷载 P。

5. 结果处理

(1) 抗折强度计算公式。

每块试样的抗折强度 R_c，按式（9.6）计算（精确至0.01MPa），即

$$R_c = \frac{3PL}{2BH^2} \tag{9.6}$$

式中 R_c——抗折强度，MPa；

  P——最大破坏荷载，N；

  L——跨距，mm；

  B——试样宽度，mm；

  H——试样高度，mm。

（2）结果评定。

试验结果以试样抗折强度的算术平均值和单块最小值表示（精确至 0.01MPa）。

9.8 体积密度试验

1. 试验目的

测定砖的密度，指导试验人员按规程正确操作，确保试验结果科学、准确。

2. 试验仪器

（1）鼓风干燥箱。

（2）台秤：分度值为 5g。

（3）钢直尺或砖用卡尺，分度值为 1mm。

3. 检测试样

每次检测用砖为 5 块，所取试样应外观完整。

4. 试验步骤

（1）清理试样表面，并注写编号，然后将试样置于 105～110℃鼓风干燥箱中干燥至恒重，称其质量 G_0，并检查外观情况，不得有缺棱、掉角等破损。如有破损者，须重新换取备用试样。

（2）将干燥后的试样按测量方法的规定，测量其长、宽、高尺寸各两个，分别取其平均值。

5. 结果计算

（1）体积密度 ρ 按式（9.7）计算（精确至 0.1kg/m³），即

$$\rho = \frac{G_0}{LBH} \times 10^9 \tag{9.7}$$

式中 ρ——体积密度，kg/m³；

  G_0——试样干质量，kg；

  L——试样长度，mm；

  B——试样宽度，mm；

  H——试样高度，mm。

（2）试验结果以试样密度的算术平均值表示（精确至 1kg/m³）。

第10章 沥 青 试 验

10.1 概　述

沥青是一种憎水性的有机胶凝材料,是由复杂的高分子碳氢化合物及其非金属(氧、硫、氮)衍生物组成的一种混合物。在常温下,呈现黑色或黑褐色的黏稠状液体、半固体或者固体。沥青具有良好的不透水性、黏结性、塑性、抗冲击性、耐化学腐蚀及电绝缘性,能抵抗一般酸、碱、盐等侵蚀性液体和气体的侵蚀,广泛应用于防潮、防水、防腐等工程环境。沥青不仅具有资源丰富、价格低廉、施工方便、使用价值高等优点,最主要的是它与混凝土、砂石、钢材等具有良好的黏结性,被用来制作防水卷材、防水涂料等。石油沥青是石油经蒸馏等工序提炼出各种轻质油,如汽油、煤油、柴油及润滑油后得到的渣油,或再经加工而得到的物质。沥青种类繁多,组成成分复杂,这里主要研究的是常用的石油沥青的性质;石油沥青主要由油分、树脂、地沥青质等3种组分组成,3种成分的含量主要对沥青的黏滞性、塑性、温度敏感性有影响。

10.2 黏　滞　性

黏滞性又称黏性,指石油沥青在外力作用下抵抗变形的能力,反映沥青材料阻碍其相对流动的一种特性。沥青黏滞性的大小也是评价沥青软硬、稀稠程度的指标。在常温下呈现固体或半固体的石油沥青,以针入度表示其黏滞性的大小;在常温下呈现液体的石油沥青,以黏滞度表示其黏滞性的大小。

10.2.1 针入度试验

针入度试验是国际上经常用来测定黏稠(固体、半固体)沥青稠度的一种方法,通常稠度高的沥青,针入度值越小,表示沥青越硬;相反稠度低的沥青,针入度值越大,表示沥青越软。我国现行标准是以针入度为等级来划分沥青的标号。

1. 目的与适用范围

(1) 本方法适用于测定道路石油沥青、改性沥青针入度以及液体石油沥青蒸馏或乳化沥青蒸发后残留物的针入度。其标准试验条件为温度25℃,荷重100g,贯入时间5s,以0.1mm计。用本方法评定聚合物改性沥青的改性效果时,仅适用于融混均匀的样品。

(2) 针入度指数用以描述沥青的温度敏感性,宜在15℃、25℃、30℃这3个或3个以上温度条件下测定针入度后按规定的方法计算得到,若30℃时的针入度值过大,可采用5℃代替。当量软化点 T_{800} 是相当于沥青针入度为800 (0.1mm) 时的温度,用以评价沥青的高温稳定性。当量脆点 $T_{1.2}$ 是相当于沥青针入度为1.2时的温度,用以评价沥青的低温抗裂性能。

2. 仪具与材料

（1）针入度仪。凡能保证针和针连杆在无明显摩擦下垂直运动，并能指示针贯入深度准确至0.1mm的仪器均可使用。针和针连杆组合件总质量为50g±005g，另附50g±0.05g砝码一只，试验时总质量为100g±0.05g。当采用其他试验条件时，应在试验结果中注明。仪器设有放置平底玻璃保温皿的平台，并有调节水平的装置，针连杆应与平台相垂直。仪器设有针连杆制动按钮，使针连杆可自由下落。针连杆易于装拆，以便检查其质量。仪器还设有可自由转动与调节距离的悬臂，其端部有一面小镜或聚光灯泡，借以观察针尖与试样表面接触情况。当为自动针入度仪时，各项要求与此项相同，温度采用温度传感器测定，针入度值采用位移计测定，并能自动显示或记录，且应对自动装置的准确性经常校验。为提高测试精密度，不同温度的针入度试验宜采用自动针入度仪（图10.1）进行。

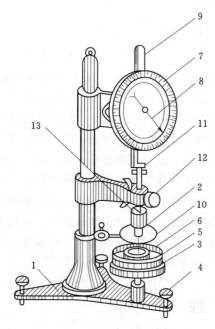

图10.1　针入度仪

1—底座；2—小镜；3—圆形平台；4—调平螺钉；
5—保温皿；6—试样；7—刻度盘；8—指针；
9—活杆；10—标准针；11—连杆；
12—按钮；13—砝码

（2）标准针。由硬化回火的不锈钢制成，洛氏硬度HRC54～60，表面粗糙度$Ra0.2～0.3$（μm），针及针杆总质量2.5g±0.05g，针杆上应打印有号码标志，针应设有固定用装置盒（筒），以免碰撞针尖，每根针必须附有计量部门的检验单，并定期进行检验。

（3）盛样皿。金属制，圆柱形平底。小盛样皿的内径55mm，深35mm（适用于针入度小于200）；大盛样皿内径70mm，深45mm［适用于针入度200～350（0.1mm）］；对针入度大于350（0.1mm）的试样需使用特殊盛样皿，其深度不小于60mm，试样体积不少于125mL。

（4）恒温水槽。容量不少于10L，控温的准确度为0.1℃。水槽中应设有一带孔的搁架，位于水面下不得少于100mm，距水槽底不得少于50mm处。

（5）平底玻璃皿。容量不少于1L，深度不少于80mm。内设有一不锈钢三脚支架，能使盛样皿稳定。

（6）温度计。0～50℃，分度值为0.1℃。

（7）秒表。分度值为0.1s。

（8）盛样皿盖。平板玻璃，直径不小于盛样皿开口尺寸。

（9）溶剂。三氯乙烯等。

（10）其他。电炉或砂浴、石棉网、金属锅或瓷把坩埚等。

3. 方法与步骤

（1）准备工作。

1）按下述方法准备沥青试样。

a. 将装有试样的盛样器带盖放入恒温烘箱中，烘箱温度 80℃ 左右，加热至沥青全部熔化。将盛样器皿放在有石棉垫的炉具上缓慢加热，时间不超过 30min，并用玻璃棒轻轻搅拌，防止局部过热。在沥青温度不超过 100℃ 的条件下，仔细脱水至无泡沫为止，最后的加热温度不超过软化点以上 100℃（石油沥青）或 50℃（煤沥青）。

b. 将盛样器中的沥青通过 0.6mm 的滤筛过滤，分装入擦拭干净并干燥的一个或数个沥青盛样器皿中，数量应满足一批试验项目所需的沥青样品并有富余。

注：试样冷却后反复加热的次数不得超过两次，以防沥青老化影响试验结果。

2）试验要求将恒温水槽调节到要求的试验温度 25℃、15℃、30℃（5℃）等，保持稳定。

3）将试样注入盛样皿中，试样高度应超过预计针入度值 10mm，并盖上盛样皿，以防落入灰尘。盛有试样的盛样皿在 15～30℃ 室温中冷却 1～1.5h（小盛样皿）、1.5～2h（大盛样皿）或 2～2.5h（特殊盛样皿）后移入保持规定试验温度 ±0.1℃ 的恒温水槽中 1～1.5h（小盛样皿）、1.5～2h（大试样皿）或 2～2.5h（特殊盛样皿）。

4）调整针入度仪使之水平。检查针连杆和导轨，以确认无水和其他外来物，无明显摩擦。用三氯乙烯或其他溶剂清洗标准针，并拭干。将标准针插入针连杆，用螺钉固紧。按试验条件加上附加砝码。

（2）试验步骤。

1）取出达到恒温的盛样皿，并移入水温控制在试验温度 ±0.1℃（可用恒温水槽中的水）的平底玻璃皿中的三脚支架上，试样表面以上的水层深度不少于 10mm。

2）将盛有试样的平底玻璃皿置于针入度仪的平台上。慢慢放下针连杆，用适当位置的反光镜或灯光反射观察，使针尖恰好与试样表面接触。拉下刻度盘的拉杆，使与针连杆顶端轻轻接触，调节刻度盘或深度指示器的指针指示为零。

3）开动秒表，在指针正指 5s 的瞬间，用手紧压按钮，使标准针自动下落贯入试样，经规定时间，停压按钮使针停止移动。（注：当采用自动计时针入仪时，与标准针落下贯入试样同时开始，至 5s 时自动停止。）

4）拉下刻度盘拉杆，与针连杆顶端接触，读取刻度盘指针或位移指示器的读数，准确至 0.5（0.1mm）。

5）同一试样平行试验至少 3 次，各测试点之间及与盛样皿边缘的距离不应少于 10mm。每次试验后应将盛有盛样皿的平底玻璃皿放入恒温水槽，使平底玻璃皿中水温保持试验温度。每次试验应换一根干净标准针或将标准针取下用蘸有三氯乙烯溶剂的棉花或布揩净，再用干棉花或布擦干。

6）测定针入度大于 200 的沥青试样时，至少用 3 支标准针，每次试验后将针留在试样中，直至 3 次平行试验完成后才能将标准针取出。

7）测定针入度指数 PI，用同样的方法在 15℃、25℃、30℃（或 35℃）这 3 个或 3 个以上（必要时增加 10℃、20℃ 等）温度条件下分别测定沥青的针入度，但用于仲裁试验的温度条件应为 5 个。

4. 计算

根据测试结果可按以下方法计算针入度指数、当量软化点及当量脆点（图 10.2）。

（1）诺模图法。将 3 个或 3 个以上不同温度条件下测试的针入度值绘于 10.3 的针入

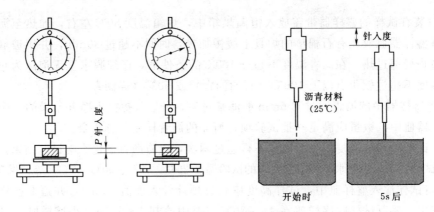

图 10.2　针入度测定示意图

度温度关系诺模图中，按最小二乘法则回归直线，将直线向两端延长，分别于针入度为 800 及 1.2 的水平线相交，交点的温度即为当量软化点 T_{800} 和当量脆点 $T_{1.2}$。以图中 O 为原点，绘制回归直线的平行线，与 PI 线相交，读取 PI 交点处的 PI 值即为该沥青的针入度指数。

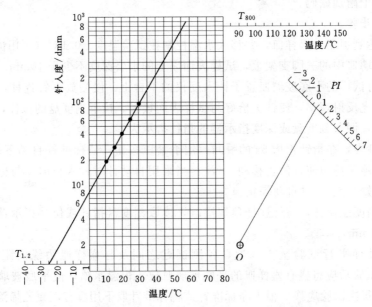

图 10.3　确定道路沥青 PI、T_{800}、$T_{1.2}$ 的针入度温度关系诺模图

　　（2）对不同温度条件下测试的针入度值取对数，令 $y=\lg P$，$x=T$，按式（10.1）的针入度对数与温度的直线关系，进行 $y=a+bx$ 一元一次方程的直线回归，求取针入度温度指数 A_{lgpen}。

$$\lg P=K+A_{lgpen}T \tag{10.1}$$

式中　T——不同试验温度，相应温度下的针入度为 P；

　　　　K——回归方程的常数项 a；

　　A_{lgpen}——回归方程系数 b。

　　按式（10.1）回归时必须进行相关性检验，直线回归相关系数 R 不得小于 0.997（置信度 95%）；否则，试验无效。

（3）按式（10.2）确定沥青的针入度指数 PI，并记为 PI_{lgpen}，即

$$PI_{lgpen} = \frac{20 + 500A_{lgpen}}{1 + 50A_{lgpen}} \tag{10.2}$$

（4）按式（10.3）确定沥青的当量软化点 T_{800}，即

$$T_{800} = \frac{lg800 - k}{A_{lgpen}} = \frac{2.9031 - k}{A_{lgpen}} \tag{10.3}$$

（5）按式（10.4）确定沥青的当量脆点 $T_{1.2}$，即

$$T_{1.2} = \frac{lg1.2 - k}{A_{lgpen}} = \frac{0.0792 - k}{A_{lgpen}} \tag{10.4}$$

（6）按式（10.5）计算沥青的塑性温度范围 ΔT，即

$$\Delta T = T_{900} - T_{1.2} = \frac{2.8239}{A_{lgpen}} \tag{10.5}$$

5. 报告

（1）应报告标准温度（25℃）时的针入度 T_{25} 以及其他试验温度 T 所对应的针入度 P，及由此求取针入度指数 PI、当量软化点 T_{800}、当量脆点 $T_{1.2}$ 的方法和结果，当采用公式计算法时，报告应按式（10.1）回归的直线相关系数 b。

（2）同一试样 3 次平行试验结果的最大值和最小值之差在下列允许偏差范围内时，计算 3 次试验结果的平均值，取整数作为针入度试验结果，以 0.1mm 为单位。

针入度（0.1mm）	允许差值（0.1mm）
0～49	2
50～149	4
150～249	12
250～500	20

当试验值不符合此要求时，应重新进行。

6. 精密度或允许差

（1）当试验结果小于 50（0.1mm）时，重复性试验的允许差为 2（0.1mm），复现性试验的允许差为 4（0.1mm）。

（2）当试验结果不小于 50（0.1mm）时，重复性试验的允许差为平均值的 4%，复现性试验的允许差为平均值的 8%。

7. 注意事项

（1）试验的精密度和允许差规定是非常重要的项目，本法对精度的规定尽量按国际上通行的采用重复性和复现性的表示方法。重复性试验是指短期内，在同一试验室由同一个试验人员、采用同一仪器、对同一试样完成两次以上的试验操作，所得试验结果之间的误差应不超过规定的允许差；复现性试验是指在两个以上不同的试验室，由各自的试验人员采用各自的仪器，按相同的试验方法对同一试样分别完成试验操作，所得的试验结果之间的误差亦不应超过规定的允许差。

（2）一个样品某次试验结果的获得是同时进行几次试验（如针入度同时扎 3 针），通常以几次平行试验的平均值作为试验结果。试验方法一般均规定几次试验结果的允许误

差，它并不属于重复性试验。这里平行试验的允许差是检验这一次试验的精确度，是对试验方法本身的要求，其重复性和复现性试验的允许值与作为一次试验取 2～3 个平行试验的差值含义不同，它是多次试验的结果，即平均值之间的允许差，故要求更为严格。重复性和复现性试验只有在需要时（如仲裁试验）才做。重复性试验往往是对试验人员的操作水平、取样代表性的检验，复现性则同时检验仪器设备的性能，通过这两种试验检验试验结果的法定效果，如试验结果不符合精确度要求时，试验结果即属无效。

（3）针入度试验属于条件性试验，因此试验时要注意其条件。针入度的条件有 3 项，分别为温度、时间和针质量，这 3 项要求不一样，会严重影响结果的正确性。试验时要定期检验标准针，尤其不能使用针尖破损的标准针，每次试验时，均应用三氯乙烯擦拭标准针。同时要严格控制温度，使其满足精度要求。

（4）影响沥青针入度测定值的一个非常重要的步骤就是标准针与试样表面的接触情况。在试验时，一定要让标准针刚接触试样表面；试验时可将针入度仪置于光线照射处，从试样表面观察标准针的倒影，而后调节标准针升降，使标准针与其倒影刚好接触即可。

（5）将沥青试样注入试皿时，不应留有气泡，若有气泡，可用明火将其消掉，以免影响结果的正确性。

10.2.2　黏滞度试验

1. 目的与适用范围

本方法采用道路沥青标准黏度计测定液体石油沥青、煤沥青、乳化沥青等材料流动状态时的黏度。本法测定的黏度应注明温度及流孔孔径，以 $C_d^t T$ 表示（T 为时间，s；t 为温度，℃；d 为孔径，mm）。$C_d^t T$ 黏滞度值越大，表示沥青的稠度越大。

2. 仪具与材料

（1）道路沥青标准黏度计。形状及尺寸如图 10.4 所示，它由下列部分组成：

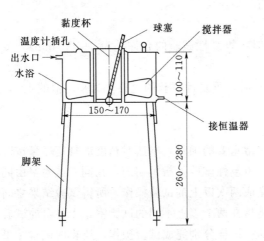

图 10.4　沥青黏度计（单位：mm）

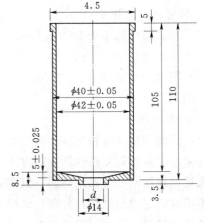

图 10.5　盛样管（单位：mm）
d—流孔直径

1）水槽。环槽形，内径 160mm，深 100mm，中央有一圆井，井壁与水槽之间距离不少于 55mm。环槽中存放保温用液体（水或油），上下方各设有一流水管。水槽下装有可以调节高低的三脚架，架上有一圆盘承托水槽，水槽底离试验台面约 200mm。水槽控温精密度为 ±0.2℃。

2）盛样管。形状及尺寸如图 10.5 所示，管体为黄铜而带流孔的底板为磷青铜制成。盛样管的流孔 d 有 3mm±0.025mm、4mm±0.025mm、5mm±0.025mm 和 10mm±0.025mm 4 种规格。根据试验需要，选择盛样管流孔的孔径。

3）球塞。用以堵塞流孔，形状尺寸如图 10.6 所示，杆上有一标记。球塞直径为 12.7mm±0.05mm 的标记高为 92.3mm±0.25mm，用以指示 10mm 盛样管内试样的高度，球塞 6.35mm±0.05mm 的标记高为 90.5mm±0.25mm，用以指示其他盛样管内试样的高度。

4）水槽盖。盖的中央有套筒，可套在水槽的圆井上，下附有搅拌叶，盖上有一把手，转动把手时可借搅拌叶调匀水槽内水温，盖上还有一插孔，可放置温度计。

5）温度计。分度为 0.1℃。

6）接受瓶。开口，圆柱形玻璃容器，100mL，在 25mL、50mL、75mL、100mL 处有刻度；也可采用 100mL 量筒。

7）流孔检查棒。磷青铜制，长 100mm，检查 4mm 和 10mm 流孔及检查 3mm 和 5mm 流孔各 支，检查段位于两端，长度不少于 10mm，直径按流孔下限尺寸制造。

黏滞度测定示意如图 10.6 所示。

（2）秒表。分度值为 0.1s。

（3）循环恒温水槽。

（4）肥皂水或矿物油。

（5）其他。加热炉、大蒸发皿等。

3．方法与步骤

（1）准备工作。

1）按沥青试样准备方法准备沥青试样，根据沥青材料的种类和稠度，选择需要流孔孔径的盛样管，置水槽圆井中。用规定的球塞堵好流孔，流孔下放蒸发皿，以备接受不慎流出的试样。除 10mm 流孔采用直径为 12.7mm 球塞外，其余流孔均采用直径为 6.35mm 的球塞。

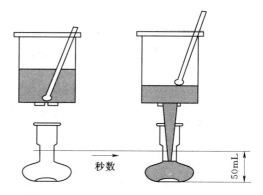

图 10.6　黏滞度测定示意图

2）根据试验温度需要，调整恒温水槽的水温为试验温度 ±0.1℃，并将其进出口与黏度计水槽的进出口用胶管接妥，使热水流进行正常循环。

（2）试验步骤。

1）将试样加热至比试验温度高 2～3℃（如试验温度低于室温时，试样须冷却至比试验温度低 2～3℃）时注入盛样管，其数量以液面到达球塞杆垂直时杆上的标记为准。

2）试样在水槽中保持试验温度至少 30min，用温度计轻轻搅拌试样，测量试样的温度为试验温度 ±0.1℃时，调整试样液面至球塞杆的标记处，再继续保温 1～3min。

3）将流孔下蒸发皿移去，放置接受瓶或量筒，使其中心正对流孔。接受瓶或量筒可预先注入肥皂水或矿物油 25mL，以利洗涤及读数准确。

4）提起球塞，借标记悬挂在试样管边上，等试样流入接受瓶或量筒达 25mL（量筒刻度 50mL）时，按动秒表，待试样流出 75mL（量筒刻度 100mL）时，按停秒表。

5）记取试样流出 50mL 所经过的时间，以 s 计，即为试样的黏度。

4. 报告

同一试样至少平行试验两次，当两次测定的差值不大于平均值的 4% 时，取其平均值的整数作为试验结果。

5. 精密度或允许差

重复性试验的允许差为平均值的 4%。

10.3 沥青延度试验

塑性指石油沥青在外力作用下产生变形而不破坏，除去外力后，仍能保持变形后形状的性质。沥青的塑性用延度表示，常用沥青延度仪测定；延度越大，表示沥青的塑性越好，即变形能力越强，在使用中能随建筑物的变形而变形，不易开裂。在常温下塑性越好的沥青，不仅能承受一定的振动和冲击，而且还可以减少摩擦时的噪声。

1. 目的与适用范围

（1）沥青的延性是当沥青受到外力的拉伸作用时，所能承受的塑性变形的总能，通常是用延度作为条件延性指标来表征。

（2）本方法适用于测定道路石油沥青、液体沥青蒸馏残留物和乳化沥青蒸发残留物等材料的延度。

（3）沥青延度的试验温度与拉伸速率可根据要求采用，通常采用的试验温度为 25℃、15℃、10℃或 5℃，拉伸速度为 5cm/min±0.25cm/min。当低温采用 1cm/min±0.05cm/min 拉伸速度时，应在报告中注明。

2. 仪具与材料

（1）延度仪。将试件浸没于水中，能保持规定的试验温度及按照规定拉伸速度拉伸试件且试验时无明显振动的延度仪均可使用（图 10.7）。

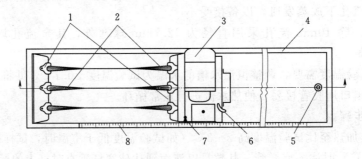

图 10.7　延度仪

1—试模；2—试样；3—电机；4—水槽；5—泄水孔；6—开关柄；7—指针；8—标尺

（2）试模。黄铜制，由两个端模和两个侧模组成。

· 156 ·

（3）试模底板。玻璃板或磨光的铜板、不锈钢板。

（4）恒温水槽。容量不少于10L，控制温度的准确度为0.1℃，水槽中应设有带孔搁架，搁架距水槽底不得少于50mm。试件浸入水中深度不小于100mm。

（5）温度计。0～50℃，分度值为0.1℃。

（6）砂浴或其他加热炉具。

（7）甘油、滑石粉、隔离剂（甘油与滑石粉的质量比为2∶1）。

（8）其他。平刮刀、石棉网、酒精、食盐等。

3．方法与步骤

（1）准备工作。

1）将隔离剂拌和均匀，涂于清洁干燥的试模底板和两个侧模的内侧表面，并将试模在试模底板上装妥。

2）按规定的方法准备试样，然后将试样仔细自试模的一端至另一端往返数次缓缓注入模中，最后略高出试模，灌模时应注意勿使气泡混入。

3）试件在室温中冷却30～40min，然后置于规定试验温度±0.1℃的恒温水槽中，保持30min后取出，用热刮刀刮除高出试模的沥青，使沥青面与试模面齐平。沥青的刮法应自试模的中间刮向两端，且表面应刮得平滑。将试模连同底板再浸入规定试验温度的水槽中1～1.5h。

4）检查延度仪延伸速度是否符合规定要求，然后移动滑板，使其指针正对标尺的零点。将延度仪注水，并保温达试验温度±0.5℃。

（2）试验步骤。

1）将保温后的试件连同底板移入延度仪的水槽中，然后将盛有试样的试模自玻璃板或不锈钢板上取下，将试模两端的孔分别套在滑板及槽端固定板的金属柱上，并取下侧模。水面距试件表面应不小于25mm。

2）开动延度仪，并注意观察试样的延伸情况（图10.8）。此时应注意，在试验过程中，水温应始终保持在试验温度规定范围内，且仪器不得有振动，水面不得有晃动，当水槽采用循环水时，应暂时中断循环，停止水流。在试验中，如发现沥青细丝浮于水面或沉入槽底时，则应在水中加入酒精或食盐，调整水的密度至与试样相近后，重新试验。

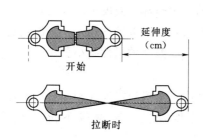

图10.8　延伸度测定示意图

图10.9　自动石油沥青延伸度测试仪

3）试件拉断时，读取指针所指标尺上的读数，以cm表示，在正常情况下，试件延伸时应呈锥尖状，拉断时实际断面接近于零（图 10.9）。如不能得到这种结果，则应在报告中注明。

4. 报告

同一试样，每次平行试验不少于 3 个，如 3 个测定结果均大于 100cm，试验结果记作"＞100cm"；如有特殊需要也可分别记录实测值。如 3 个测定结果中，有一个以上的测定值小于 100cm 时，若最大值或最小值与平均值之差满足重复性试验精密度要求，则取 3 个测定结果的平均值的整数作为延度试验结果，若平均值大于 100cm，记作"＞100cm"；若最大值或最小值与平均值之差不符合重复性试验精密度要求时，试验应重新进行。

5. 精密度或允许差

当试验结果小于 100cm 时，重复性试验的允许差为平均值的 20%；复现性试验的允许差为平均值的 30%。

6. 注意事项

（1）在浇筑试样时，隔离剂配置要适当，以免试样取不下来，对于黏结在玻璃上的试样，应放弃。在试模底部涂隔离剂时，不宜太多，以免隔离剂占用试样部分体积，冷却后造成试样断面不合格，影响试验结果。

（2）在灌模时应使试样高出试模，以免试样冷却后欠模。

（3）对于延度较大的沥青试样，为了便于观察延度值，延度值窿部（窿部是指延度拉伸过程中的仪上衬砌部分）尽量采用白色衬砌。

（4）在刮模时，应将沥青与试模刮为齐平，尤其是试模中部，不应有低凹现象。

10.4 沥青软化点试验

沥青是一种非晶质高分子材料，它由液态凝结为固态，或由固态熔化为液态，没有明确的固化点或液化点，通常采用条件的硬化点和滴落点来表示。沥青材料在硬化点至滴落点之间的温度阶段时，是一种黏滞流动状态。在工程实用中为保证沥青不致由于温度升高而呈流动状态，因此取液化点与固化点之间温度间隔的 87.2% 作为软化点。软化点的数值随采用仪器不同而异，我国现行规范试验法是采用环球软化点法。软化点是沥青达到规定条件黏度时的温度，是反映沥青材料热稳定性的一个指标。温度敏感性指石油沥青的黏滞性和塑性随温度升降而变化的性能。变化程度越大，温度敏感性越差，则温度稳定性越低。用软化点表示温度敏感性，软化点越高，则沥青的温度敏感性越小。

1. 目的与适用范围

（1）沥青的软化点是试样在规定尺寸的金属环内，上置规定尺寸和质量的钢球，放于水（或甘油）中，以 5℃/min ± 0.5℃/min 的速度加热，至钢球下沉达规定距离（25.4mm）时的温度，以℃表示。

（2）本方法适用于测定道路石油沥青、煤沥青的软化点，也适用于测定液体石油沥青经蒸馏或乳化沥青破乳蒸发后残留物的软化点。

2. 仪具与材料

（1）软化点测定仪，由下列附件组成（图 10.10）：

1）钢球。直径 9.53mm，质量 3.5g±0.05g。

2）试样环。由黄铜或不锈钢等制成。

3）钢球定位环。由黄铜或不锈钢制成。

4）金属支架。由两个主杆和 3 层平行的金属板组成。上层为一圆盘，直径略大于烧杯直径，中间有一圆孔，用以插放温度计。中层板板上有两个孔，各放置金属环，中间有一小孔可支持温度计的测温端部。一侧立杆距环上面 51mm 处刻有水高标记。环下面距下层底板为 25.4mm，而下底板距烧杯底不少于 12.7mm，也不得大于 19mm。3 层金属板和两个主杆由两螺母固定在一起。

5）耐热玻璃烧杯。容量 800~1000mL，直径不少于 86mm，高不少于 120mm。

6）温度计。0~80℃，分度值为 0.5℃。

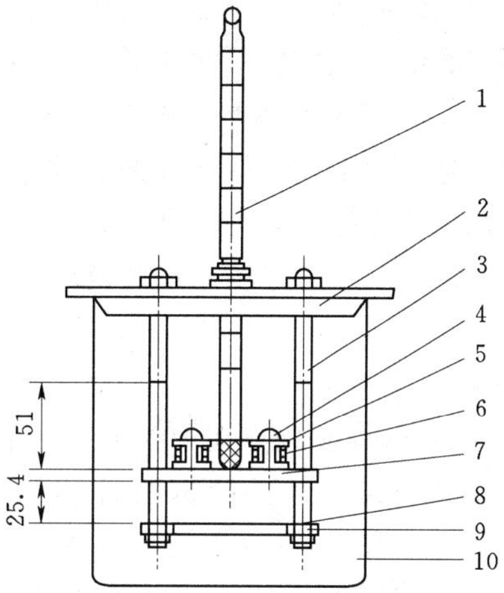

（2）环夹。由薄钢条制成，用以夹持金属环，以便刮平表面。

图 10.10　沥青软化点测定仪

1—温度计；2—上承板；3—枢轴；4—钢球；
5—环套；6—环；7—中承板；8—支承座；
9—下承板；10—烧杯

（3）装有温度调节器的电炉或其他加热炉具（液化石油气、天然气等）。应采用带有振荡搅拌器的加热电炉，振荡子置于烧杯底部。

（4）试样底板。金属板（表面粗糙度应达 $Ra0.8\mu m$）或玻璃板。

（5）恒温水槽。控温的准确度为 0.5℃。

（6）平直刮刀。

（7）甘油、滑石粉、隔离剂（甘油与滑石粉的比例为质量比 2∶1）。

（8）新煮沸过的蒸馏水。

（9）其他。石棉网。

3. 方法与步骤

（1）准备工作。

1）将试样环置于涂有甘油、滑石粉、隔离剂的试样底板上，将准备好的沥青试样徐徐注入试样环内至略高出环面为止。如估计试样软化点高于 120℃，则试样环和试样底板（不用玻璃板）均应预热至 80~100℃。

2）试样在室温冷却 30min 后，用环夹夹着试样杯，并用热刮刀刮除环面上的试样，使之与环面齐平。

（2）试验步骤（图 10.11）。

1）试样软化点在 80℃以下者：

a. 将装有试样的试样环连同试样底板置于 5℃±0.5℃ 的恒温水槽中至少 15min；同时将金属支架、钢球、钢球定位环等亦置于相同水槽中。

b. 烧杯内注入新煮沸并冷却至 5℃ 的蒸馏水，水面略低于立杆上的深度标记。

c. 从恒温槽水中取出盛有试样的试样环放置在支架中层板的圆孔中，套上定位环；然后将整个环架放入烧杯中，调整水面至深度标记，并保持水温为5℃±0.5℃。注意，环架上任何部分不得附有气泡。将0～80℃的温度计由上层板中心孔垂直插入，使端部测温头底部与试样环下面齐平。

d. 将盛有水和环架的烧杯移至放有石棉网的加热炉具上，然后将钢球放在定位环中间的试样中央，立即开动振荡搅拌器，使水微微振荡，并开始加热，使杯中水温在3min内调节至维持每分钟上升5℃±0.5℃。注意：在加热过程中，应记录每分钟上升的温度值，如温度上升速度超出此范围时，则试验应重做。

e. 试样受热软化逐渐下坠，至与下层底板表面接触时，立即读取温度，准确至0.5℃。

2）试样软化点在80℃以上者：

a. 将装有试样的试样环连同试样底板置于装有32℃±1℃甘油的保温槽中至少15min；同时将金属支架、钢球、钢球定位环等亦置于甘油中。

b. 在烧杯内注入预先加热至32℃的甘油，其液面略低于立杆上的深度标记。

c. 从保温槽中取出装有试样的试样环，按上述1）的方法进行测定，读取温度至1℃。

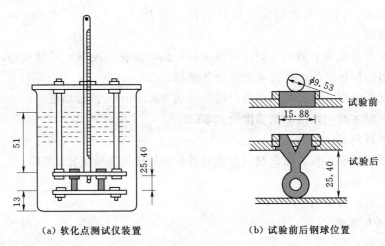

（a）软化点测试仪装置　　　　　（b）试验前后钢球位置

图10.11　软化点测试（单位：mm）

4. 报 告

同一试样平行试验两次，当两次测定值的差值符合重复性试验精度要求时，取其平均值作为软化点试验结果，准确至0.5℃。

5. 精密度或允许差

（1）当试样软化点小于80℃时，重复性试验精度的允许差为1℃，复现性试验精度的允许差为4℃。

（2）当试样软化点不小于80℃时，重复性试验精度的允许差为2℃，复现性试验精度的允许差为8℃。

10.5　沥青密度试验或相对密度

沥青的密度是指试样在规定温度下单位体积所具有的质量，以 kg/m³ 或 g/cm³ 表示，非经注明，规定温度为15℃。

1. 试验目的

沥青的密度和相对密度与沥青的路用性能无直接的关系，基本上是由原油先天决定的。测定的目的：一是供沥青储存期间体积与质量换算用；二是用以计算沥青混合料最大理论密度供配合比设计用。

2. 试验仪具与材料

（1）比重瓶。玻璃制，瓶塞下部与瓶口须经仔细研磨。瓶塞中间有一个垂直孔，其下部为凹形，以便由孔中排除空气。比重瓶的容积为 20～30mL，质量不超过 40g。

（2）恒温水槽。控温的准确度为±0.1℃。

（3）烘箱。200℃，装有温度自动调节器。

（4）天平。感量不大于 1mg。

（5）滤筛。0.6mm、2.36mm 各 1 个。

（6）温度计。0～50℃，分度值为 0.1℃。

（7）烧杯。600～800mL。

（8）真空干燥器。

（9）药品。

1）洗液。玻璃仪器清洗液、三氯乙烯（分析纯）等。

2）蒸馏水（或去离子水）。

3）表面活性剂。洗衣粉（或洗涤剂）。

（10）其他。软布、滤纸等。

3. 试验方法

（1）准备工作。

1）用洗液、水、蒸馏水先后仔细洗涤比重瓶，然后烘干称其质量（m_1），准确至 1mg。

2）将盛有新煮沸并冷却的蒸馏水的烧杯浸入恒温水槽中一同保温，在烧杯中插入温度计，水的深度必须超过比重瓶顶部 40mm 以上。

3）使恒温水槽及烧杯中的蒸馏水达到规定的试验温度±0.1℃。

（2）比重瓶水值的测定步骤。

1）将比重瓶及瓶塞放入恒温水槽中，烧杯底浸没水中的深度应不少于 100mm，烧杯口露出水面，并用夹具将其固牢。

2）待烧杯中水温再次达到规定温度并保温 30min 后，将瓶塞塞入瓶口，使多余的水由瓶塞上的毛细孔中挤出。注意比重瓶内不得有气泡。

3）将烧杯从水槽中取出，再从烧杯中取出比重瓶，立即用干净软布将瓶塞顶部擦试一次，再迅速擦干比重瓶外面的水分，称其质量（m_2），准确至 1mg。注意瓶塞顶部只能擦拭一次，即使由于膨胀瓶塞上有小水滴也不能再擦拭。

4）作为试验温度时比重瓶的水值。

（3）液体沥青试样密度的试验步骤。

1）将试样过筛（0.6mm）后注入干燥比重瓶中至满。注意不要混入气泡。

2）将盛有试样的比重瓶及瓶塞移入恒温水槽（测定温度±0.1℃）内盛有水的烧杯中，水面应在瓶口下约 40mm。注意勿使水浸入瓶内。

3）从烧杯内的水温达到要求的温度后起算保温 30min 后，将瓶塞塞上，使多余的试样由瓶塞的毛细孔中挤出。仔细用蘸有三氯乙烯的棉花擦净孔口挤出的试样，并注意保持孔中充满试样。

4）从水中取出比重瓶，立即用干净软布仔细地擦去瓶外的水分或沾附的试样（注意不得再擦孔口）后，称其质量（m_3），准确至 1mg。

（4）黏稠沥青试样密度的试验步骤

1）将按规定方法准备好的沥青试样，仔细注入比重瓶中，约至 2/3 高度。注意勿使试样黏附瓶口或上方瓶壁，并防止混入气泡。

2）取出盛有试样的比重瓶，移入干燥器中，在室温下冷却不少于 1h，连同瓶塞称其质量（m_4），准确至 1mg。

3）从水槽中取出盛有蒸馏水的烧杯，将蒸馏水注入比重瓶，再放入烧杯中（瓶塞也放进烧杯中）。然后把烧杯放回已达试验温度的恒温水槽中，从烧杯中的水温达到规定温度时起算保温 30min 后，使比重瓶中气泡上升到水面，用细针挑除。保温至水的体积不再变化为止。待确认比重瓶已经恒温且无气泡后，再用保温在规定温度水中的瓶塞塞紧，使多余的水从塞孔中溢出，此时应注意不得带入气泡。

4）保温 30min 后，取出比重瓶，按前述方法迅速擦干瓶外水分后称其质量（m_5），准确至 1mg。

（5）固体沥青试样密度的试验步骤。

1）试验前，如试样表面潮湿，可用干燥、清洁的空气吹干，或置于 50℃烘箱中烘干。

2）将 50～100g 试样打碎，过 0.6mm 及 2.36mm 筛。取 0.6～2.36mm 的粉碎试样不少于 5g 放入清洁、干燥的比重瓶中，塞紧瓶塞后称其质量（m_6），准确至 1mg。

3）取下瓶塞，将恒温水槽内烧杯中的蒸馏水注入比重瓶，水面高于试样约 10mm，同时加入几滴表面活性剂溶液（如 1％洗衣粉、洗涤灵），并摇动比重瓶使大部分试样沉入水底，必须使试样颗粒表面上附气泡逸出。注意摇动时勿使试样摇出瓶外。

4）取下瓶塞，将盛有试样和蒸馏水的比重瓶置于真空干燥箱（器）中抽真空，逐渐达到真空度 98kPa（735mmHg）不少于 15min。如比重瓶试样表面仍有气泡，可再加几滴表面活性剂溶液，摇动后再抽真空。必要时，可反复几次操作，直至无气泡为止。

5）将保温烧杯中的蒸馏水再注入比重瓶中至满，轻轻地塞好瓶塞，再将带塞的比重瓶放入盛有蒸馏水的烧杯中，并塞紧瓶塞。

6）将有比重瓶的盛水烧杯再置恒温水槽（试验温度±0.1℃）中保持至少 30min 后，取出比重瓶，迅速擦干瓶外水分后称其质量（m_7），准确至 1mg。

4. 结果计算

（1）液体沥青试样的密度或相对密度分别按式（10.6）或式（10.7）计算，即

$$\rho_b = \frac{m_4 - m_1}{(m_2 - m_1) - (m_5 - m_4)} \rho_T \tag{10.6}$$

$$\gamma_b = \frac{m_4 - m_1}{(m_2 - m_1) - (m_5 - m_4)} \tag{10.7}$$

式中　ρ_b——试样在试验温度下的密度，g/cm^3；

　　　γ_b——试样在试验温度下的相对密度；

　　　m_1——比重瓶质量，g；

　　　m_2——比重瓶与盛满水时的合计质量，g；

　　　m_4——比重瓶与沥青试样合计质量，g；

　　　m_5——比重瓶与试样和水合计质量，g；

　　　ρ_T——试验温度下水的密度（不同温度水的密度及修正系数表）。

（2）固体沥青试样的密度或相对密度分别按式（10.8）计算，即

$$\rho_b = \frac{m_6 - m_1}{(m_2 - m_1) - (m_7 - m_6)} \rho_T, \gamma_b = \frac{m_6 - m_1}{(m_2 - m_1) - (m_7 - m_6)} \tag{10.8}$$

式中　m_6——比重瓶与沥青试样合计质量，g；

　　　m_7——比重瓶与试样和水合计质量，g；

其余各量含义同前。

5. 报告

同一试样应平行试验两次，当两次试验结果的差值符合重复性试验的精度要求时，以平均值作为沥青的密度试验结果，并准确至 3 位小数，试验报告应注明试验温度。

6. 精密度或允许差

对黏稠石油沥青及液体沥青，重复性试验精度的允许差为 $0.003g/cm^3$；复现性试验精度的允许差为 $0.007g/cm^3$。对固体沥青，重复性试验精度的允许差为 $0.01g/cm^3$，复现性试验精度的允许差为 $0.02g/cm^3$。相对密度的精密度要求与密度相同（无单位）。

10.6　沥青闪点及燃点试验

1. 目的与适用范围

本方法适用于克利夫兰开口杯（简称 COC）测定黏稠石油沥青、煤沥青及闪点在 79℃以上的液体石油沥青材料的闪点和燃点，以评定施工安全性时使用。

2. 仪具与材料

（1）克利夫兰开口杯式闪点仪。形状及尺寸如图 10.12 所示。它由下列部分组成：

1）克利夫兰开口杯。用黄铜或铜合金制成，内口直径 $\phi63.5mm \pm 0.5mm$，深 $33.6mm \pm 0.5mm$，在内壁与杯上口的距离为 $9.4mm \pm 0.4mm$ 处刻有一道环状标线，带一个弯柄把手，形状及尺寸如图 10.13 所示。

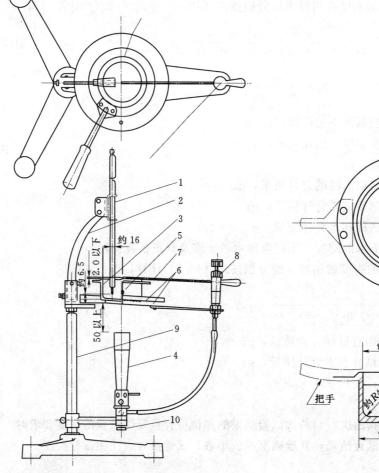

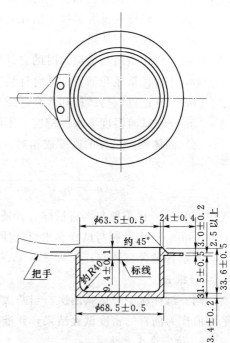

图 10.12　克利夫兰开口杯式闪点仪（单位：mm）　　　图 10.13　克利夫兰开口杯（单位：mm）

1—温度计；2—温度计支架；3—金属试验杯；4—加热器器具；
5—试验标准球；6—加热板；7—试验火焰喷嘴；8—试验火
焰调节开关；9—加热板支架；10—加热器调节钮处有一个
与标准试焰大小相当的 φ4.0mm±0.2mm 电镀
金属小球，供火焰调节的对照使用

2) 加热板。黄铜或铸铁制，直径 145～160mm，厚约 6.5mm 的金属板，上有石棉垫板，中心有圆孔，以支承金属试样杯。边缘距中心 58mm，如图 10.14 所示。

3) 温度计。0～400℃，分度值为 2℃。

4) 点火器。金属管制，端部为产生火焰的尖嘴，端部外径约 1.6mm，内径为 0.7～0.8mm，与可燃性气体压力容器（如液化丙烷气或天然气）连接，火焰大小可以调节。点火器可以 150mm 半径水平旋转，且端部恰好通过坩埚中心上方 2mm 以内，也可采用电动旋转点火用具，但火焰通过金属试验杯的时间应为 1.0s 左右。

5) 铁支架。高约 500mm，附有温度计夹及试样杯支架，支脚为高度调节器，使加热

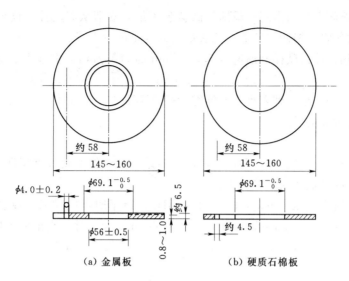

（a）金属板　　　　　　（b）硬质石棉板

图 10.14　加热板（单位：mm）

顶保持水平。

（2）防风屏。金属薄板制，三面将仪器围住挡风，内壁涂成黑色，高约 600mm。

（3）加热源附有可调节的 1kW 电炉或燃气炉。根据需要，可以控制加热试样的升温速度为 14～17℃/min、5.5℃/min±0.5℃/min。

3. 方法与步骤

（1）准备工作。

1）将试样杯用溶剂洗净、烘干，装置于支架上。加热板放在可调电炉上，如用燃气炉时，加热板距炉口约 50mm，接好可燃气管道或电源。

2）安装温度计，垂直插入试样杯中，温度计的水银球距杯底约 6.5mm，位置在与点火器相对一侧距杯边缘约 16mm 处。

3）按沥青试样准备方法准备试样后，注入试样杯中至标线处，并使试样杯其他部位不沾有沥青。

注：试样加热温度不能超过闪点以下 55℃。

4）全部装置应置于室内光线较暗且无显著空气流通的地方，并用防风屏三面围护。

5）将点火器转向一侧，试验点火，调节火苗在呈标准球的形状或呈直径为 4mm±0.8mm 的小球形试焰。

（2）试验步骤。

1）开始加热试样，升温速度迅速地达到 14～17℃/min。待试样温度达到预期闪点前 56℃时，调节加热器降低升温速度，以便在预期闪点前 28℃时能使升温速度控制在 5.5℃/min±0.5℃/min。

2）试样温度达到预期闪点前 28℃时开始，每隔 2℃将点火器的试焰沿试验杯口中心以 150mm 半径作弧水平扫过一次；从试验杯口的一边至另一边所经过的时间约 1s。此时应确认点火器的试焰为直径 4mm±0.8mm 的火球，并位于坩埚口上方 2～2.5mm 处。

注：试验时不能对着试样杯呼气。

3）当试样液面上最初出现一瞬即灭的蓝色火焰，立即从温度计上读记温度，作为试样的闪点。注意勿将试焰四周的蓝白色火焰误认为是闪点火焰。

4）继续加热，保持试样升温速度 5.5℃/min±0.5℃/min，并按上述操作要求用点火器点火试验。

5）当试样接触火焰立即着火，并能继续燃烧不少于 5s 时，停止加热，并读记温度计上的温度，作为试样的燃点。

4. 报告

(1) 同一试样至少平行试验两次，两次测定结果的差值不超过重复性试验允许差 8℃时，取其平均值的整数作为试验结果。

(2) 当试验时大气压在 95.3kPa（715mmHg）以下时，应对闪点或燃点的试验结果进行修正，若大气压为 95.3～84.5kPa（715～634mmHg）时，修正值为增加 2.8℃，当大气压为 84.5～73.3kPa（634～550mmHg）时，修正值为增加 5.5℃。

5. 精密度或允许差

(1) 重复性试验的允许差为：闪点 8℃，燃点 8℃。

(2) 复现性试验的允许差为：闪点 16℃，燃点 14℃。

10.7　沥青薄膜加热试验方法

1. 目的与适用范围

本方法适用于测定道路石油沥青薄膜加热后的质量损失，并根据需要，测定薄膜加热后残留物的针入度、黏度、软化点、脆点及延度等性质的变化，以评定沥青的耐老化性能。

2. 仪具与材料

(1) 旋转薄膜加热烘箱。标称温度范围 200℃，控温的准确度为 1℃，装有温度调节器和可转运的圆盘架。圆盘直径 360～370mm 上有浅槽 4 个，供放置盛样皿，转盘中心由一垂直轴悬挂于烘箱的中央，由传动机构使转盘水平转动，如图 10.15 所示，盛样皿（单位：mm）速度为 5.5r/min±1r/min。门为双层，两层之间应留有间隙，内层门为玻璃制，只要打开外门，即可通过玻璃读取烘箱中温度计的读数。烘箱应能自动通风，为此在烘箱上、下部设有气孔，以供热空气和蒸汽的逸出和空气进入。

(2) 盛样皿。由铝或不锈钢制成，不少于 4 个，形状及尺寸如图 10.15 所示。

(3) 温度计。0～200℃，分度值为 0.5℃（允许由普通温度计代替）。

(4) 天平。感量不大于 1mg。

(5) 其他。干燥器、计时器等。

3. 方法与步骤

(1) 准备工作。

1）将洁净、烘干、冷却后的盛样皿编号，称其质量（m_0），准确至 1mg。

2）按本章沥青试样准备方法准备沥青试样，分别注入 4 个已称质量的试样 50g±0.5g 放入盛样皿中，并形成沥青厚度均匀的薄膜，放入干燥器中冷却至室温后称取质量

（m_1），准确至 1mg。同时按规定方法，测定沥青试样薄膜加热试验前的针入度、黏度、软化点、脆点及延度等性质。当试验项目需要，预计沥青数量不够时，可增加盛样皿数目，但不允许将不同品种或不同标号的沥青同时放在一个烘干箱中试验。

3）将温度计垂直悬挂于转盘轴上，位于转盘中心，水银球应在转盘顶面上的 6mm 处，并将烘干箱加热并保持至 163℃±1℃。

（2）试验步骤。

1）把烘干箱调整水平，使转盘在水平面上以 5.5r/min±1r/min 的速度旋转，转盘与水平面倾斜角不大于 3°，温度计位置距转盘中心和边缘距离相等。

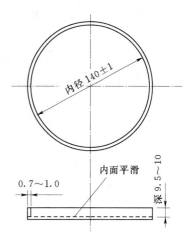

图 10.15　盛样皿（单位：mm）

2）在烘干箱达到恒温 163℃后，将盛样皿迅速放入烘干箱内的转盘上，并关闭烘干箱门和开动转盘架；使烘干箱内温度回升至 162℃时开始计时，连续 5h 并保持温度 163℃±1℃。但从放置盛样皿开始至试验结束的总时间不得超过 5.25h。

3）加热后取出盛样皿，放入干燥器中冷却至室温后，随机取其中两个盛样皿分别称其质量（m_2），准确至 1mg。注意，即使不进行质量损失测定，亦应放入干燥器中冷却，但不称量，然后进行以下步骤。

4）将盛样皿置一石棉网上，并连同石棉网放回 163℃±1℃ 的烘箱中转动 15min；然后，取出石棉网和盛样皿，立即将沥青残留物样品刮入一适当的容器内，置于加热炉上加热，并适当搅拌使之充分融化达流动状态。

5）将热试样倾入针入度盛样皿或延度、软化点等试模内，并按规定方法进行针入度等各项薄膜加热试验后残留物的相应试验。如在当日不能进行试验时，试样应在容器内冷却后放置过夜，但全部试验必须在加热后 72h 内完成。

4. 计算

（1）沥青薄膜试验后质量损失按式（10.9）计算，精确至小数点后一位（质量损失为负值，质量增加为正值）。

$$LT = \frac{m_2 - m_1}{m_1 - m_0} \times 100\%$$ （10.9）

式中　LT——试样薄膜加热质量损失，%；

　　　m_0——试样皿质量，g；

　　　m_1——薄膜烘箱加热前盛样皿与试样合计质量，g；

　　　m_2——薄膜烘箱加热后盛样皿与试样合计质量，g。

（2）沥青薄膜烘箱试验后，残留物针入度比以残留物针入度占原试样针入度的比值按式（10.10）计算，即

$$KP = \frac{P_2}{P_1} \times 100\%$$ （10.10）

式中　KP——试样薄膜加热后残留物针入度比，%；

　　　P_1——薄膜加热试验前原试样的针入度，0.1mm；

　　　P_2——薄膜烘箱加热残留物后原试样的针入度，0.1mm。

（3）沥青薄膜加热试验的残留物软化点增值按式（10.11）计算，即

$$\Delta T = T_2 - T_1 \qquad (10.11)$$

式中　ΔT——薄膜加热试验后软化点增值，℃；

　　　T_1——薄膜加热试验前软化点，℃；

　　　T_2——薄膜加热试验后软化点，℃。

（4）沥青薄膜加热试验黏度比按式（10.12）计算，即

$$K_\eta = \frac{\eta_1}{\eta_2} \qquad (10.12)$$

式中　K_η——薄膜加热试验前后60℃黏度比；

　　　η_2——薄膜加热试验后60℃黏度，Pa·s；

　　　η_1——薄膜加热试验前60℃黏度，Pa·s。

（5）沥青的老化指数按式（10.13）计算，即

$$C = \lg\lg(\eta_2 \times 10^3) - \lg\lg(\eta_1 \times 10^3) \qquad (10.13)$$

式中　C——沥青薄膜加热试验的老化指数。

5. 报告

本试验的报告应注明下列结果：

（1）质量损失，当两个试样皿的质量损失符合重复性试验精密度要求时，取其平均值作为试验结果，准确至小数点后两位。

（2）根据需要报告残留物的针入度及针入度比、软化点及软化点增值、黏度及黏度比、老化指数、延度、脆点等各项性质的变化。

6. 精密度或允许差

（1）当薄膜加热后质量损失不大于0.4%时，重复性试验的允许差为0.04%，复现性试验的允许差为0.16%。

（2）当薄膜加热后质量损失0.4%时，重复性试验的允许差为平均值的8%，复现性试验的允许差为平均值的40%。

（3）残留物针入度、软化点、延度、黏度等性质试验的精密度应符合相应的试验方法的规定。

第11章 沥青混合料

11.1 沥青混合料试件制作方法（击实法）

1. 试验目的

本方法适用于标准击实法或大型击实法制作，以供试验室测定沥青混合料物理力学性质使用。

2. 适用范围

标准击实法适用于马歇尔试验、间接抗拉试验（劈裂法）等所使用的 $\phi101.6mm\times63.5mm$ 圆柱体试件的成型。大型击实法使用于 $\phi152.4mm\times95.3mm$ 的大型圆柱体试件的成型。

3. 试验仪器

（1）标准击实仪。由击实锤、$\phi98.5mm$ 平圆形压实头及带手柄的导向棒组成。用人工或机械将压实锤举起，从 $457.2mm\pm1.5mm$ 高度沿导向棒自由落下击实，标准击实锤质量为 $4536g\pm9g$。

大型击实仪。由击实锤 $\phi149.5mm$ 平圆形压实头及带手柄的导向棒（直径 $15.9mm$）组成。用机械将压实锤举起，从 $457.2mm\pm2.5mm$ 高度沿导向棒自由落下击实，大型击实锤质量为 $10210g\pm10g$。

（2）标准击实台。用以固定试模，在 $200mm\times200mm\times457mm$ 的硬木墩上面有一块 $305mm\times305mm\times25mm$ 的钢板，木墩用4根型钢固定在下面的水泥混凝土板上。木墩采用青冈栎、松或其他干密度为 $0.67\sim0.77g/cm^3$ 的硬木制成。人工击实或机械击实均必须用此标准击实台。

自动击实仪是将标准击实锤及标准击实台安装一体，并用电力驱动使击实锤连续击实试件且可自动记数的设备，击实速度为 60 次$/min\pm5$ 次$/min$。大型击实法电动击实的功率不小于 $250W$。

图 11.1　沥青混合料拌和机

（3）试验室用沥青混合料拌和机。能保证拌和温度并充分拌和均匀，可控制拌和时间，容量不小于 $10L$，如图 11.1 所示。搅拌叶自转速度为 $70\sim80r/min$，公转速度为 $40\sim50r/min$。

（4）脱模器。电动或手动，可无破损地推出圆柱体试件，备有标准圆柱体试件及大型圆柱体试件尺寸的推出环。

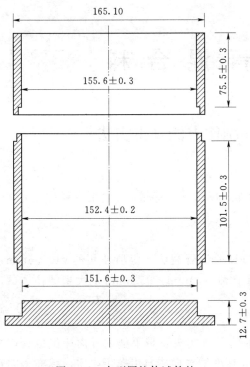

図 11.2　大型圆柱体试件的
试模与套筒（单位：mm）

（5）试模。由高碳钢或工具钢制成，每组包括内径 101.6mm±0.2mm、高 87mm 的圆柱体金属筒、底座（直径约 120.6mm）和套筒（内径 101.6mm、高 70mm）各 1 个。

大型圆柱体试件的试模与套筒如图 11.2 所示。套筒外径 165.1mm，内径 155.6mm±0.3mm，总高 83mm。试模内径 152.4mm±0.2mm，总高 115mm，底座板厚 12.7mm，直径 172mm。

（6）烘箱。大、中型各 1 台，装有温度调节器。

（7）天平或电子秤。用于称量矿料的，感量不大于 0.5g；用于称量沥青的，感量不大于 0.1g。

（8）沥青运动黏度测定设备。毛细管黏度计、塞波特重油黏度或布洛克菲尔德黏度计。

（9）插刀或大螺丝刀。

（10）温度计。分度为 1℃。宜采用有金属插杆的热电偶沥青温度计，金属插杆的长度不小于 300mm。量程 0~300℃，数字显示或度盘指针的分度值为 0.1℃，且有留置读数功能。

（11）其他。电炉或煤气炉、沥青熔化锅、标准筛、拌和铲、滤纸（或普通纸）、卡尺、胶布、秒表、棉纱、粉笔等。

4．试验准备

（1）沥青混合料试件制作时矿料规格及试件数量。

1）沥青混合料配合比设计及和在试验室人工配制沥青混合料试件时，试件直径应不小于集料公称最大粒径的 4 倍，厚度应不小于集料公称最大粒径的 1~1.5 倍。对于直径为 101.6mm 的试件，集料公称最大粒径应不大于 26.5mm。对于粒径大于 26.5mm 的粗粒式沥青混合料，其大于 26.5mm 的集料应用等量的 13.2~26.5mm 集料代替，也可以采用直径 152.4mm 的大型圆柱体试件。大型圆柱体试件适用于集料公称最大粒径不大于 37.5mm 的情况。试验室成型的一组试件的数量不得小于 4 个，必要时宜增加至 5~6 个。

2）用拌和厂和施工现场采集的拌和沥青混合料成品试样制作直径为 101.6mm 试件时，按下列规定选用不同的方法及试件数量：

a．当集料公称最大粒径不大于 26.5mm 时，可直接进行取样。一组试件的数量通常为 4 个。

b．当集料公称最大粒径大于 26.5mm，但不大于 31.5mm，宜将大于 26.5mm 的集料筛除后使用，一组试件数量仍为 4 个，若采用直接取样法，一组试件的数量应增加至

6个。

　　c. 当集料公称最大粒径大于31.5mm时，必须采用过筛取样法。过筛的筛孔为26.5mm，一组试件仍为4个。

　　（2）确定制作沥青混合料试件拌和与压实温度。

　　1）测定沥青的黏度，并绘制黏温曲线。根据表11.1所示的要求确定适宜于沥青混合料拌和及压实的等黏温度。

表11.1　　　　　　　适宜于沥青混合料拌和及压实的沥青等黏温度

沥青混合料种类	黏度与测定方法	适宜于拌和的沥青混合料黏度	适宜于压实的沥青混合料黏度
石油沥青（含改性沥青）	表观黏度，T0625 运动黏度，T0619 塞波特黏度，T0623	(0.17 ± 0.02)Pa・s (170 ± 20)mm²/s (85 ± 10)s	(0.28 ± 0.03)Pa・s (280 ± 30)mm²/s (140 ± 15)s
煤沥青	恩格拉度，T0622	25 ± 3	40 ± 5

注　液体沥青混合料的压实成型温度按石油沥青要求执行。

　　2）当缺乏沥青黏度测定条件时，试件的拌和与压实温度可按表11.2选用，并根据沥青品种和标号做适当调整。针入度小、稠度大的沥青取高限，针入度大、稠度小的沥青取低限，一般取中值。对于改性沥青，应根据改性剂的品种和用量，适当提高混合料的拌和及压实温度，对大部分聚合物改性沥青，需要在基质沥青的基础上提高15~30℃左右，掺加纤维时，还需再提高10℃左右。

表11.2　　　　　　　沥青混合料拌和及压实温度参考表

沥青混合料种类	拌和温度/℃	压实温度/℃
石油沥青	130~160	120~150
煤沥青	90~120	80~110
改性沥青	160~175	140~170

　　3）冷拌沥青混合料的拌和及压实在常温下进行。

　　（3）按照规定方法在拌和厂或施工现场采集沥青混合料试样，并将试样置于烘箱中或加热的砂浴上保温，在混合料中插入温度计测量温度，待混合料温度符合要求后成型。需要适当拌和时可倒入已加热的小型沥青混合料拌和机中进行适当拌和，时间应不超过1min。但注意不得用铁锅在电炉或明火上加热炒拌。

　　（4）在试验室人工配制沥青混合料时，材料准备按以下步骤进行：

　　1）将各种规格的矿料置于105℃±5℃的烘箱中烘干至恒重（一般不小于4~6h）。根据实际需要，粗集料可先用水冲洗干净后烘干，也可将粗、细集料过筛后用水冲洗再烘干备用。

　　2）按规定试验方法分别测定不同粒径规格粗、细集料及填料（矿粉）的各种密度，按规定方法测定沥青的密度。

　　3）将烘干分级的粗、细集料，按每个试件设计级配要求称其质量，并在一金属盘中混合均匀，矿粉单独加热，置于烘箱中预热至沥青拌和温度以上约 15℃ 备用（采用石油沥青时通常为 163℃；采用改性沥青时通常需 180℃）。一般按一组试件备料，保证每组 4～6 个，但进行配合比设计时宜对每个试件分别备料。当采用替代法时，对粗集料中粒径大于 26.5mm 的部分，以 13.2～26.5mm 粗集料等量替代。冷拌沥青混合料的矿料不应加热。

4）按规定方法采集的沥青试样，用恒温烘箱或油浴、电热套熔化加热至规定的沥青混合料拌和温度备用，但不得超过 175℃。当不得已采用电炉或燃气炉直接加热进行脱水时，必须使用石棉垫隔开。

（5）用沾有少许黄油的棉纱擦净试模、套筒及击实座等置于 100℃ 左右烘箱中加热 1h 备用。冷拌沥青混合料用试模不加热。

5. 试验步骤

（1）拌制沥青混合料。

1）黏稠石油沥青或煤沥青混合料。

a. 将沥青混合料拌和机预热到拌和温度以上 10℃ 左右备用，对于试验室试验研究、配合比设计及采用机械拌和施工的工程，严禁使用人工炒拌法热拌沥青混合料。

b. 将每个试件预热的粗、细集料置于拌和机中，用小铲子适当拌和，然后再加入需要数量的已加热到拌和温度的沥青。若沥青称量时在专用容器中时，可在倒掉沥青后用一部分热矿粉将沾在容器壁上的沥青擦拭一起倒入拌和锅中，开动拌和机，一边搅拌一边将拌和叶片插入混合料中拌和 1～1.5min，然后暂停拌和，加入单独加热的矿粉，继续拌和到均匀为止，并使沥青混合料保持在要求的拌和温度范围内。标准的总拌和时间为 3min。

2）液体石油沥青混合料。将每个试件的矿料置于加热至 55～100℃ 的沥青混合料拌和机中，注入要求数量的液体石油沥青，并将沥青混合料一边加热一边拌和，使液体石油沥青中的溶剂挥发到 50% 以下，而拌和时间应事先试拌决定。

3）乳化沥青混合料。将每个试件的粗、细集料置于沥青混合料拌和机中，无需加热，可适当进行人工炒拌，并注入计算的用水量（阴离子乳化沥青不加水）后，拌和均匀并使矿料表面完全湿润，再注入设计的沥青乳液用量，在 1min 内使混合料拌匀，然后加入矿粉后迅速拌和，使混合料拌成褐色为止。

（2）成型方法。

马歇尔标准击实法的成型步骤如下：

1）将拌好的沥青混合料，均匀称取一个试件所需的用量（标准马歇尔试件约 1200g，大型马歇尔试件约 4050g）。当已知沥青混合料的密度时，可根据试件的标准尺寸计算并乘以 1.03 得到要求的混合料数量。当一次拌和几个试件时，宜将其倒入经预热的金属盘中，用小铲适当拌和均匀分成几份，分别取用。在试件制作过程中，为防止混合料温度下降，应连盘放在烘箱中保温。

2）从烘箱中取出预热的试模及套筒，用沾有少许黄油的棉纱擦拭套筒、底座及击实锤底部，将试模装在底座上，垫一张圆形的吸油性小的纸，按四分法从 4 个方向用小铲将混合料铲入试模中，用插刀或大螺丝刀沿周边插捣 15 次，中间 10 次。插捣后将沥青混合料表面整平成凸圆弧面。对大型马歇尔试件，混合料分两次加入，每次插捣次数同上。

3）插入温度计，至混合料中心附近，检查混合料温度。

4）待混合料温度符合要求的压实温度后，将试模连同底座一起放在击实台上固定，在装好的混合料上面垫一张吸油性小的圆纸，再将装有击实锤及导向棒的压实头插入试模中，然后开启电动机或人工将击实锤从457mm的高度自由落下击实规定的次数（75、50或35次）。对大型马歇尔试件，击实次数为75次（相应于标准击实50次的情况）或112次（相应于标准击实75次的情况）。

5）试件击实一面后，取下套筒，将试模掉头，装上套筒，然后以同样的方法和次数击实另一面。乳化沥青混合料试件在两面击实后，将一组试件在室温下横向放置24h，另一组试件置于温度为105℃±5℃的烘箱中养护24h。将养护试件取出后，立即在试件两面锤击各25次。

6）试件击实结束后，立即用镊子取掉上、下面的纸，用卡尺量取试件离试模上口的高度，并由此计算试件高度，若高度不符合要求时，试件应作废，并按下式调整试件的混合料质量，以保证高度符合63.5mm±1.3mm（标准试件）或95.3mm±2.5mm（大型试件）的要求。

$$调整后混合料质量=\frac{要求试件高度×原用混合料质量}{所得试件的高度}$$

（3）卸去套筒和底座，将装有试件的试模横向放置冷却至室温后（不小于12h），置于脱模机上脱出试件。用于作现场马歇尔指标检验的试件，在施工质量检验过程中如急需试验，允许采用电风扇吹冷1h或浸入冷却3min以上的方法脱模，但浸水脱模法不能用于测量密度、空隙率等各项物理指标。

（4）将试件仔细置于干燥洁净的平面上，供试验用。

11.2 沥青混合料试件制作方法（轮碾法）

1. 试验目的

在试验室用轮碾法制作沥青混合料试件，以供沥青混合料物理、力学性质试验时使用。

2. 适用范围

轮碾法适用于300mm×300mm×50mm（或40mm）或300mm×300mm×100mm板块状试件的成型，由此板块状试件用切割机切成棱柱体试件，或在试验室用芯样钻机钻取试样，成型试件的密度应符合马歇尔标准击实试件密度100±1%的要求。

3. 试验仪器

（1）轮碾成型机。它具有与钢筒式压路机相似的圆弧形碾压轮，轮宽300mm，压实线荷载为300N/cm，碾压行程等于试件长度，经碾压后的板块状试件可达到马歇尔试验标准击实密度的100%±1%，如图11.3所示。当无轮碾成型机时，可用手动碾代替，手动碾轮宽与试件同宽，备有10kg砝码5个，以调整载重，手动碾成型的试件厚度不大于50mm。在施工现场也可有采用压路机代替。

（2）试验室用沥青混合料拌和机。能保证拌和温度并充分拌和均匀，可控制拌和时

图 11.3 轮碾成型机

间，宜采用容量大于 30L 的大型沥青混合料拌和机，也可采用容量大于 10L 的小型拌和机。

（3）试模。由高碳钢或工具钢制成，试模尺寸应保证成型后符合要求试件尺寸的规定。试验室制作车辙试验板块状试件的标准试模，内部平面尺寸为 300mm×300mm，高 50mm 或 40mm 或 100mm。

（4）手动碾压成型车辙试件的试模框架。硬木或钢板制，内部尺寸为 300mm×300mm×50mm，平面能与试模边缘齐平。

（5）切割机。试验室用金刚石锯片锯石机（单锯片或双锯片切割机）或现场用路面切割机，有淋水冷却装置，其切割厚度不小于试件厚度。

（6）钻孔取芯机。用电力或柴油机、汽油机驱动，有淋水冷却装置。根据试件的直径选择金刚石钻头的直径，通常为 100mm，根据实际需要也可选择 150mm 的直径。钻孔深度不小于试件厚度，钻头转速不小于 1000r/min。

（7）烘箱。大、中型各一台，装有温度调节器。

（8）台秤、天平或电子秤：称量 5kg 以上的，感量不大于 1g；称量 5kg 以下时，用于称量矿料的感量不大于 0.5g，用于称量沥青的感量不大于 0.1g。

（9）沥青运动黏度测定设备：布洛克菲尔德黏度计、毛细管黏度计或塞波特黏度计。

（10）小型击实锤。钢制端部断面 80mm×80mm，厚 10mm，带手柄，总质量 0.5kg 左右。

（11）温度计。分度为 1℃。宜采用有金属插杆的热电偶沥青温度计，金属插杆的长度不小于 300mm，量程 0～300℃，数字显示或度盘指针的分度值为 0.1℃，且有留置读数功能。

（12）其他。电炉或煤气炉、沥青熔化锅、拌和铲、标准筛、滤纸、胶布、卡尺、秒表、粉笔、垫木、棉纱等。

4．试验准备

（1）制作沥青混合料试件的拌和与压实温度按规定选择，冷拌沥青混合料的拌和及压实在常温下进行。

（2）在拌和厂或施工现场采集沥青混合料试样，若混合料温度符合要求，可直接用于成型。在试验室人工配制沥青混合料时，准备沥青及矿料，加热后备用。冷拌沥青混合料的矿料不加热。

（3）将金属试模及小型击实锤等置于 100℃左右烘箱中加热 1h 后备用。冷拌沥青混合料用试模不加热。

（4）拌制沥青混合料时，混合料及各种材料数量由一块试件的体积按马歇尔标准击实密度乘以 1.03 的系数计算。对于试验室试验研究、配合比设计检验及采用机械拌和施工的工程，不得用人工炒拌法拌制沥青混合料，当采用大容量沥青混合料拌和机时宜全量一次拌和，当采用小型混合料拌和机时，可分两次拌和。

5. 轮碾成型方法

试验室用轮碾成型机制备试件，试件尺寸通常为 300mm×300mm×50mm（或40mm）。根据需要也可采用其他尺寸，但一层碾压的厚度不得超过100mm。

（1）将预热的试模从烘箱中取出，装上试模框架，在试模中铺一张剪好的普通纸（可用报纸），使底面及侧面均用纸隔离，将拌和好的全部沥青混合料，用小铲拌和后均匀地沿试模由两边向中间按顺序转圈装入试模，中部要略高于四周。注意拌和时不得散失，分两次拌和的应倒在一起。

（2）取下试模框架，用预热的小型击实锤由两边向中间转圈夯实一遍，整平成凸圆弧形。

（3）插入温度计，待混合料稍冷到规定的压实温度时，在表面铺一张剪好尺寸的普通纸。为使之冷却均匀，试模底下可用垫木支起。

（4）当用轮碾机碾压时，宜先将碾压轮预热至100℃左右。若不加热，应铺牛皮纸。然后，将盛有沥青混合料的试模置于轮碾机的平台上，轻轻放下碾压轮，调整总荷载为9kN（线荷载300N/cm）。

（5）启动轮碾机，先在一个方向碾压两个往返（4次），卸荷，再抬起碾压轮，将试件调转方向，再施加相同荷载碾压至马歇尔标准密实度100%±1%为止。试件正式压实前，应经试压，再决定碾压次数，一般12个往返（24次）左右可达到要求。若试件厚度为100mm时，宜按先轻后重的原则分两层碾压。

（6）当用手动碾碾压时，先用空碾碾压，然后逐渐增加砝码荷载，直至将5个砝码全部加上，进行压实，至马歇尔标准密度100%±1%为止。碾压方法及次数应由试压决定，并压至无轮迹为止。

（7）压实成型后，揭去表面的纸，用粉笔在试件表面标明碾压方向。

（8）盛有压实试件的试模，置室温下冷却，至少12h后方可脱模。

6. 用切割机切制棱柱体试件

试验室用切割机切制棱柱体试件的步骤如下：

（1）按试验室要求的试件尺寸，在轮碾成型的板块状试件表面规划切割的数目，但边缘20mm部分不得使用。

（2）切割时首先在与轮碾法成型垂直的方向，沿A—A切割第1刀作为基准面，再在垂直的B—B方向切割第2刀，精确量取试件长度后切割C—C，使A—A及C—C切下的部分大致相等。当使用金刚石锯片切割时，一定要开放冷却水。

（3）仔细量取试件切割位置，顺碾压方向（B—B方向）切割试件，使试件宽度符合要求。锯下的试件应按顺序放在平玻璃板上排列整齐，然后再切割试件的底面及表面。将切割好的试件立即编号，供弯曲试验用的试件应用胶布贴上标记，保持轮碾机成型时的上下位置，直至弯曲试验时上下方向始终保持不变，试件的尺寸应符合各项试验的规格要求。

（4）将完全切割好的试件放在玻璃板上，试件之间留有10mm以上的间隙，试件下垫一层滤纸，并经常挪动位置，使其完全风干。若急需使用，可用电风扇或冷风机吹干，每隔1～2h，挪动试件一次，使试件加速风干，风干时间宜不小于24h。在风干过程中，试件的上、下方向及排序不能搞错。

7. 用钻心法钻取圆柱体试件

（1）在试验室用芯样钻机从板块状试件钻取圆柱体试件的步骤如下：

1）将轮碾成型机成型的板块状试件脱模，成型的试件厚度应不小圆柱体试件的厚度。

2）在试件上方作出取样位置标记，板块状试件边缘部分的20min内不得使用。根据需要，也可选择直径100mm或150mm的金刚石钻头。

3）将板块状试件置于钻机平台上固定，钻头对准取样位置。

4）在钻孔位置堆放干冰，保证试件迅速冷却。一边开动钻机，一边添加干冰，冷却钻头和试件。如没有干冰时，可开放冷却水，开动钻机，均匀地钻透试块。为保护钻头，在试块下可垫上木板等。

5）提起钻机，取出试件。

（2）根据实际情况，可再用切割机去钻芯试件的一端或两端，达到要求的高度，但必须保证端面与试件轴线垂直且保持上下平行。

11.3　压实沥青混合料密度试验（水中重法）

1. 试验目的

测定几乎不吸水的密实的1型沥青混合料试件（吸水率小于0.5%）的表观相对密度或表观密度。

2. 适用范围

当试件很密实，几乎不存在与外界连通的开口空隙时，可采用本方法测定的表观相对密度代替按表干法测定的毛体积相对密度，并据此计算沥青混合料试件的空隙率、矿料间隙率等各项体积指标。

3. 试验仪器

（1）浸水天平或电子秤。当最大称量在3kg以下时，感量不大于0.1g；最大称量3kg以上时，感量不大于0.5g；最大称量10kg以上时，感量不大于5g，应有测量水中重的挂钩，如图11.4所示。

（2）网篮。

（3）溢流水箱。使用洁净水，有水位溢流装置，保持试件和网篮浸入水中后的水位一定。试验时的水温应在15～25℃范围内，并与测定密度时的水温相同。

（4）试件悬吊装置。天平下方悬吊网篮及试件的装置，吊线应采用不吸水的细尼龙线绳，并有足够的长度。对轮碾压成型、机成型的板块状试件可用铁丝悬挂。

图 11.4　浸水天平

（5）秒表。

（6）电风扇或烘箱。

4. 试验步骤

（1）选择适宜的浸水天平或电子秤，最大称量应不小于试件质量的 1.25 倍，且不大于试件质量的 5 倍。

（2）除去试件表面的浮粒，称取干燥试件的空中质量（m_a），根据选择天平的感量读数，准确至 0.1g、0.5g 或 5g。

（3）挂上网篮，浸入溢流水箱的水位，调节水位，将天平调平或复零，把试件置于网篮中，注意不使水晃动。待天平稳定后立即读数，称取水中质量（m_w）。若天平读数持续变化，不能很快保持稳定，说明试件有吸水情况，不适宜采用此方法测定，应改用试验规程中的表干法或蜡封法测定。

（4）对从道路上钻取的非干燥试件，可先称取水中质量（m_w），然后用电风扇将试件吹干至恒重，一般不小于 12h，当不需要进行其他试验时，也可用 60℃±5℃烘干箱烘干至恒重，再称取空气中质量（m_a）。

5. 结果处理

（1）按式（11.1）和式（11.2）计算用水中重法测定的沥青混合料试件的表观相对密度及表观密度，保留至 3 位小数。

$$\gamma_a = \frac{m_a}{m_a - m_w} \tag{11.1}$$

$$\rho_a = \frac{m_a}{m_a - m_w} \times \rho_w \tag{11.2}$$

式中　γ_a——试件的表观相对密度，无量纲；

　　　ρ_a——试件的表观密度，g/cm³；

　　　m_a——干燥试件的空中质量，g；

　　　m_w——试件的水中质量，g；

　　　ρ_w——常温水的密度，取 1g/cm³。

（2）当试件为几乎不吸水的密实沥青混合料时，以表观相对密度代替毛体积相对密度，按此方法计算试件的理论最大相对密度及空隙率、沥青的体积百分率、矿料间隙率、粗集料骨架间隙率、沥青饱和度等各项体积指标。

11.4　沥青混合料马歇尔稳定度试验

1. 试验目的

本方法适用于马歇尔稳定度试验和浸水马歇尔稳定度试验。通过试验，可进行沥青混合料的配合比设计或沥青路面施工质量检验。浸水马歇尔稳定度试验供检验沥青混合料受水损害时抵抗剥落的能力时使用，通过测试其水温稳定性检验配合比设计的可行性。根据实际情况，也可进行真空饱水马歇尔试验。

2. 适用范围

本方法适用于按击实法成型的标准马歇尔试件圆柱体和大型马歇尔试件圆柱体。

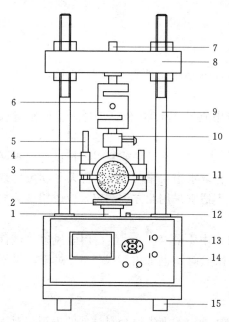

图 11.5 马歇尔稳定度试验仪
1—螺旋千斤；2—托盘；3—上下压头；4—流值
传感器托套；5—流值传感器；6—测力传感器；
7—吊栓；8—横梁；9—立柱；10—快装接头；
11—试件；12—下限位；13—控制装置；
14—变速器；15—调平螺栓

3. 试验设备

（1）沥青混合料马歇尔稳定度试验仪。符合国家标准《沥青混合料马歇尔试验仪》（GB/T 11823—1989）技术要求的产品，对于高速公路和一级公路的沥青混合料宜采用自动马歇尔试验仪，用计算机 $X—Y$ 记录仪记录荷载-位移曲线，并具有自动测定荷载与试件垂直变形的传感器、位移计，能自动显示或打印试验结果。对 $\phi63.5mm$ 的标准马歇尔试件，试验仪最大荷载不小于 25kN，读数准确度 100N，加载速率应能保持 500mm/min±5mm/min，钢球直径 16mm，上下压头曲率半径为 50.8mm。当采用 $\phi152.4mm$，读数准确度为 100N。上下压头曲率内径为 152.4mm±0.2mm，上下压头间距 19.05mm±0.1mm。马歇尔稳定度试验仪如图 11.5 所示。

（2）恒温水槽。控温准确度为 1℃，深度不小于 150mm。

（3）真空饱水容器。包括真空泵及真空干燥器。

（4）烘箱。

（5）天平。精度不大于 0.1g。

（6）温度计。分度为 1℃。

（7）卡尺。

（8）其他。棉纱，黄油。

4. 标准马歇尔试验方法

（1）准备工作。

1）采用击实法成型的马歇尔试件，标准马歇尔尺寸应符合直径 101.6mm±0.2mm、高 63.5mm±1.3mm 的要求，对大型马歇尔试件，尺寸应符合直径 152.4mm±0.2mm、高 95.3mm±2.5mm 的要求。一组试件的数量最少不得少于 4 个。

2）量取试件的直径及高度。用卡尺测量试件中部的直径，用马歇尔试件高度测定器或用卡尺在十字对称的 4 个方向测量离试件边缘 10mm 处的高度，准确至 0.1mm，并以其平均值作为试件的高度。若试件高度不符合 63.5mm±1.3mm 或 95.3mm±2.5mm 要求或两侧高度差大于 2mm 时，此试件应作废。

3）按规程规定的方法测定试件的密度、空隙率、沥青体积百分率、矿料间隙率、沥青饱和度等各项物理指标。

4）将恒温水槽调节至要求的试验温度，对于黏稠石油沥青或烘箱养护过的乳化沥青混合料为 60℃±1℃，对于煤沥青混合料为 33.8℃±1℃，对于在空气中养护的乳化沥青或液体沥青混合料为 25℃±1℃。

（2）试验步骤。

1）将试件置于已达规定温度的恒温水槽中保温，保温时间对标准马歇尔试件需 30～40min，对大型马歇尔试件需 45～60min。试件之间应有间隔，底部下应垫起，距离容器底部应不小于 5cm。

2）将马歇尔试件仪的上下压头放入水槽或烘箱中达到相同的温度。将上下压头从水槽或烘箱中取出擦拭干净内面。为了保证上下压头滑动自如，可以在下压头的导棒上涂少量的黄油，再将试件取出放于下压头上，盖上上压头，然后装在加载设备上。

3）在上压头的球座上放稳钢球，并对准荷载测定装置的压头。

4）当采用自动马歇尔试验仪时，将计算机采集的数据绘制成压力和试件变形曲线，或由 X—Y 记录仪自动记录的荷载-变形曲线，按图 11.6 所示的方法在切线方向延长曲线与横坐标相交于 O_1，将 O_1 起量取相应于荷载最大值时的变形作为流值（FL），以 mm 计，准确至 0.1mm，最大荷载即为稳定度（MS），以 kN 计，准确至 0.01kN。

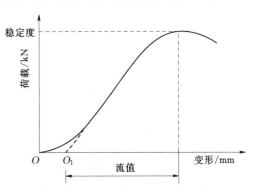

图 11.6　马歇尔试验结果的修正方法

5）当采用压力环和流值计时，将流值计安装在导棒上，使导向套管轻轻地压住上压头，同时将流值读数调零。调整压力环中的百分表，对零。

6）启动加载设备，使试件承受荷载，加载速度为 50mm/min±5mm/min。计算机或 X—Y 记录仪自动记录传感器压力和试件变形曲线并将数据自动存入计算机。

7）当试验荷载达到最大值的瞬间，取下流值计，同时读取压力环中百分表读数及流值计的流值读数。

8）从恒温水槽中取出试件至测出最大荷载值的时间，不得超过 30s。

5. 浸水马歇尔试验

浸水马歇尔试验方法与标准马歇尔试验方法的不同之处在于，试件在已达规定温度恒温水槽中的保温时间为 48h，其余的均与标准马歇尔试验方法相同。

6. 真空饱水马歇尔试验

试件先放在真空干燥器中，关闭进水胶管，开动真空泵，使干燥器的真空度达到 98.3kPa（730mmHg）以上，维持 15min 然后打开进水胶管，靠负压进入冷水流使试件全部浸入水中，浸水 15min 后恢复正常，取出试件再放入已达到规定温度的恒温水槽中保温 48h，其余均与标准马歇尔试验方法相同。

7. 结果计算与处理

（1）试件的稳定度及流值。

1）当采用自动马歇尔试验仪时，将计算机采集的数据绘制成压力和试件变形曲线，求由 X—Y 记录仪自动记录的荷载-变形曲线，曲线上最大荷载即为稳定度（MS），以 kN

计，准确至 0.01kN；曲线上相应于荷载最大值时的变形作为流值（FL），以 mm 计，准确至 0.1mm。

2）采用压力环和流值计测定时，根据压力环标定曲线，将压力环中百分表的读数换算为荷载值，或者由荷载测定装置读取的最大值即为试样的稳定度（MS），以 kN 计，准确至 0.01kN。由流值计及位移传感器测定装置读取的试件垂直变形，即为试件的流值（FL），以 mm 计，准确至 0.1mm。

（2）试件的马歇尔模数按式（11.3）计算，即

$$T = \frac{MS}{FL} \tag{11.3}$$

式中 T——试件的马歇尔模数，kN/mm；

MS——试件的稳定度，kN；

FL——试件的流值，mm。

（3）试件的浸水残留稳定度按式（11.4）计算，即

$$MS_0 = \frac{MS_1}{MS} \times 100 \tag{11.4}$$

式中 MS_0——试件的浸水残留稳定度，%；

MS_1——试件浸水 48h 后的稳定度，kN。

（4）试件的真空饱水残留稳定度按式（11.5）计算，即

$$MS_0' = \frac{MS_2}{MS} \times 100 \tag{11.5}$$

式中 MS_0'——试件的真空饱水残留稳定度，%；

MS_2——试件真空饱水后浸水 48h 后的稳定度，kN。

（5）结果处理。

1）当一组测定值中某个测定值与平均值之差大于标准差的 k 倍时，该测定值应予舍弃，并以其余测定值的平均值作为试验结果。当试件数目 n 为 3、4、5、6 个时，则 k 值分别为 1.15、1.46、1.67、1.82。

2）采用自动马歇尔试验时，试验结果应附上荷载-变形曲线原件或自动打印结果，并报告马歇尔稳定度、流值、马歇尔模数以及试件尺寸、试件的密度、空隙率、沥青用量、沥青体积百分数、沥青饱和度、矿料间隙率等各项物理指标。

11.5   沥青混合料车辙试验

1. 试验目的

测定沥青混合料的高温抗车辙能力，以供沥青混合料配合比设计的高温稳定性检验使用，亦可用于现场高温稳定性检验。

2. 适用范围

（1）车辙试验的试验温度与轮压可以根据有关规定和需要选用，未经注册，试验温度为 60℃，轮压为 0.7MPa。根据实际情况，若在寒冷地区也可采用 45℃，在高温条件下采用 70℃ 等，但应在报告中注明。计算动稳定度的时间原则上为试验开始后 45～60min

之间。

（2）适用于轮碾成型机碾压成型的长 300mm、宽 300mm、厚 50mm 的板块状试件，也适用于现场切割制作长 300mm、宽 150mm、厚 50mm 的板块状试件。根据实际需要，试件的厚度也可采用 40mm。

3. 试验设备

（1）车辙试验机。其包括试件台、试验轮、加载装置、试模、变形测量装置和温度检测装置，如图 11.7 所示。

（2）恒温室。车辙试验机必须整机安放在恒温室内，装有加热器、气流循环装置及自动温度控制设备，能保持恒温室温度 60℃±1℃（试件内部温度 60℃±0.5℃），根据需要也可为其他需要的温度。用于保温试件并进行试验，温度应能自动连续记录。

图 11.7　车辙试验机

（3）台秤。称量 15kg，感量不大于 5g。

（4）其他仪器。钢板、复写纸、热电偶温度计等。

4. 试验步骤

（1）准备工作。

1）试验轮接地压强测定。测定时温度为 60℃，在试验台上放置一块厚 50mm 的钢板，其上铺一张毫米方格纸，上铺一张新的复写纸，以规定的 700N 荷载的试验轮静压复写纸，即可在方格纸上得到轮压面积，并由此求得接地压强。当压强不符合 0.7MPa±0.05MPa 的要求时，则将荷载应予以适当调整。

2）按试验规程的要求采用轮碾成型法制作车辙试验试块。在试验室或工地制备成型的车辙试验，其标准尺寸为 300mm×300mm×50mm。也可从路面切割得到 300mm×150mm×50mm 的试件。

当直接在拌和厂取拌和好的沥青混合料样品制作试件，检验生产配合比设计或混合料生产质量时，必须将混合料装入保温桶中，在温度下降至成型温度之前迅速送到试验室制作试件。如若温度稍有不足，可放在烘箱中稍微加热后使用，时间不得超过 30min。也可以直接在现场用手动碾压或压路机碾压成型试件，但不得将混合料放冷却后二次加热重塑制作试件。对于重塑制作的试验结果仅供参考，不得用于评定配合比设计检验是否合格使用。

3）根据实际需要，将试件脱模按规定的方法测定密度及空隙率等各项物理指标。若经过水浸，应采用电扇将其吹干，然后再装回原试模中。

4）试件成型后，连同试模一起在常温条件下放置的时间不得小于 12h。对于聚合物改性沥青混合料，放置的时间以 48h 为宜，使聚合物改性沥青充分固化后方可进行车辙试验，但室温放置时间也不得长于一周。

注：为了保证试件与试模紧密接触，应记住将试件四边的方向位置不变。

（2）试验步骤。

1）将试件连同试模一起，置于已达到试验温度 60℃±1℃ 的恒温室中，保温不小于 5h，也不得多于 24h。在试件的试验轮不行走的部位上，粘贴一个热电偶温度计（也可在试件制作时预先将热电偶导线埋入试件一角），控制试件温度稳定在 60℃±0.5℃。

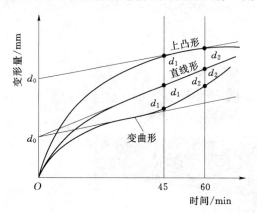

图 11.8　车辙试验自动记录的变形曲线

2）将试件连同试模移置于轮辙试验机的试验台上，试验轮在试件的中央部位，其行走方向须与试件碾压或行车方向一致。开动车辙变形自动记录仪，然后启动试验机，使试验轮往返行走，时间约 1h，或最大变形达到 25mm 时为止。试验时，记录仪自动记录变形曲线（图 11.8）及试件温度。

注：对 300mm 宽且试验时变形较小的试件，也可对一块试件在两侧 1/3 位置上进行两次试验取平均值。

5. 结果计算与处理

（1）从车辙试验机上读取 45min（t_1）及 60min（t_2）时的车辙变形 d_1 及 d_2，准确至 0.01mm。

当变形过大，在未到 60min 变形已达 25mm 时，则以达到 25mm（d_2）时的时间为 t_2，将其前 15min 为 t_1，此时的变形量为 d_1。

（2）沥青混合料试件的动稳定度按式（11.6）计算，即

$$DS = \frac{(t_2 - t_1)N}{d_2 - d_1} C_1 C_2 \tag{11.6}$$

式中　DS——沥青混合料的动稳定度，次/mm；

d_1——对应于时间 t_1 的变形量，mm；

d_2——对应于时间 t_2 的变形量，mm；

C_1——试验机类型修正系数，曲柄连杆驱动试件的变速行走方式为 1.0，链驱动试验轮的等速方式为 1.5；

C_2——试件系数，试验室制备的宽 300mm 的试件为 1.0，从路面切割的宽 150mm 的试件为 0.8；

N——试验轮往返碾压速度，通常为 42 次/min。

（3）同一沥青混合料或同一路段的路面，至少平行试验 3 个试件，当 3 个试件动稳定度变异系数小于 20% 时，取其平均值作为试验结果。变异系数大于 20% 时应分析原因，并追加试验。如计算动稳定度值大于 6000 次/mm 时，记做 >6000 次/mm。

（4）试验报告应注明试验温度、试验轮接地压强、试件密度、空隙率及试件制作方法等。

（5）重复性试验动稳定度变异系数的允许差为 20%。

11.6　沥青路面芯样马歇尔试验

1. 试验目的

从沥青路面钻取的芯样进行马歇尔稳定度试验，供评定沥青路面施工质量是否符合设

计要求或进行路面调查。标准芯样钻孔试件的直径为100mm，适用的试件高度为30～80mm；大型钻孔试件的直径为150mm，适用的试件高度为80～100mm。

2. 试验仪器

（1）钻孔取芯机，如图11.9所示。

（2）其他所用的仪器与沥青混合料马歇尔稳定度试验仪器相同。

3. 试验步骤

（1）用钻孔机钻取压实沥青混合料路面芯样试件。

（2）适当清扫混合料芯样表面，如果底面沾有基层泥土则应洗净，若底面凹凸不平严重，则应用锯石机将其锯开。

（3）如缺乏沥青用量、矿料配合比及各种材料的密度数据时，应为沥青混合料的理论最大相对密度。

图11.9　钻孔取芯机

（4）按沥青混合料试件密度试验及空隙率等物理指标的计算方法，确定试件的密度、空隙率等各项物理指标。

（5）用卡尺量取试件的直径，取两个方向的平均值。

（6）测定试件的高度，取4个对称位置的平均值，精确至0.1mm。

（7）进行马歇尔稳定度试验，由试验测定稳定度以表11.3或表11.4的试件高度修正值系数 K 得到试件的稳定度 MS。

表11.3　　　　　　　现场钻取芯样试件高度修正系数（适用于φ100mm试件）

试件高度/cm	修正系数 K	试件高度/mm	修正系数 K
2.47～2.61	5.56	5.16～5.31	1.39
2.62～2.77	5.00	5.32～5.46	1.32
2.78～2.93	4.55	5.47～5.62	1.25
2.94～3.09	4.17	5.63～5.80	1.19
3.10～3.25	3.85	5.81～5.94	1.14
3.26～3.40	3.57	5.95～6.10	1.09
3.41～3.56	3.33	6.11～6.26	1.04
3.57～3.72	3.03	6.27～6.44	1.00
3.37～3.88	2.78	6.45～6.60	0.96
3.89～4.04	2.50	6.61～6.73	0.93
4.05～4.20	2.27	6.74～6.89	0.89
4.21～4.36	2.08	6.90～6.06	0.86
4.37～4.51	1.92	6.07～6.12	0.83
4.52～4.67	1.79	6.22～6.37	0.81
4.68～4.87	1.67	6.38～6.54	0.78
4.88～4.99	1.5	6.55～6.69	0.76
5.00～5.15	61.47		

试件高度/cm	试件体积/cm³	修正系数 K
8.81~8.97	1608~1626	1.12
8.98~9.13	1637~1665	1.09
9.14~9.29	1666~1694	1.06
9.30~9.45	1695~1723	1.03
9.46~9.60	1724~1752	1.00
9.61~9.76	1753~1781	0.97
9.77~9.92	1782~1810	0.95
9.93~10.08	1811~1839	0.92
10.09~10.24	1840~1868	0.9

附录1 建 筑 用 砂 试 验

表1　　　　　　　　　　堆积密度、紧密密度和颗粒级配

仪器设备及环境条件	仪器设备名称	型号	管理编号	示值范围	分辨力	温度	相对湿度

样品状态描述		采用标准	

(1)堆积密度

试验次数	筒＋砂质量 m_2/g	筒质量 m_1/g	筒容积 V/mL	堆积密度 ρ_L/(kg/m³) $\rho_L=[(m_2-m_1)/V]\times1000$	平均值
1					
2					
堆积空隙率 V_L/%			$V_L=(1-\rho_L/\rho)\times100=$		

(2)紧密密度

试验次数	筒＋砂质量 m_2/g	筒质量 m_1/g	筒容积 V/mL	紧密密度 ρ_c/(kg/m³) $\rho_c=[(m_2-m_1)/V]\times1000$	平均值
1					
2					
紧密空隙率 V_c/%			$V_c=(1-\rho_c/\rho)\times100=$		

(3)颗粒级配

样号	粒径>10mm的颗粒含量							样品质量/g		散失/%	细度模数 M_x	
	筛孔尺寸/mm 筛孔公称直径/mm	5.00	2.50	1.25	0.63	0.315	0.160	<0.160/%			单值	平均值
1	筛余质量/g											
	分计筛余/%											
	累计筛余/%											
2	筛余质量/g											
	分计筛余/%											
	累计筛余/%											
平均累计筛余/%												

表2   建 筑 用 砂 检 验 报 告

检测项目	检测结果	筛孔尺寸	累计筛余/%
含泥量/%		9.50	
石粉含量/%		4.75	
亚甲蓝 MB 值/%		2.36	
泥块含量/%		1.18	
表观密度/(kg/m³)		600	
紧密堆积密度/(kg/m³)		300	
松散堆积密度/(kg/m³)		150	
空隙率/%		150	
云母含量/%		细度模数	
检测结论	样品所检项目按照 GB/T 14684—2011 规定的技术要求经检测，颗粒级配__区，细度模数__，砂规格：__砂，泥块含量__类，含泥量__类		
检测依据	《建设用砂》（GB/T 14684—2011）		
备注			
试验		审核：	批准：

试验结果分析与讨论：

附录 2　建筑用碎石试验

表 1　　　　　　　　　　　表观密度、堆积密度、针片状颗粒含量和颗粒级配

仪器设备及环境条件	仪器设备名称	型号	管理编号	示值范围	分辨力	温度/℃	相对湿度/%
样品状态描述			采用标准				

(1)表观密度

试验次数	试验水温/℃					表观密度 ρ/(kg/m³) $\rho=\left(\dfrac{m_0}{m_0+m_1-m_2}-\alpha_t\right)\times1000$	
	试样的烘干质量 m_0/g	吊篮在水中的质量 m_1/g	吊篮及试样在水中的质量 m_2/g	水温 t/℃	水温修正系数 α_t	单个值	平均值
1							
2							

(2)堆积密度

试验次数	容量筒质量 m_1/g	容量筒和试样总质量 m_2/g	容量筒的体积 V/L	堆积密度 ρ_L/(kg/m³) $\rho_L=\dfrac{m_2-m_1}{V}\times1000$	
				单个值	平均值
1					
2					
堆积空隙率 V_L/%			$V_L=(1-\rho_L/\rho)\times100=$		

(3)针片状颗粒含量

烘干试样质量 m_0/g	针片状颗粒总质量 m_1/g	针片状颗粒含量 ω_p/% $\omega_p=(m_1/m_0)\times100$

(4)颗粒级配

筛孔直径/mm												
筛孔公称直径/mm		100	80	63	50	40	31.5	25	20	16	10	5	2.5
筛余质量/g												
分计筛余/%												
累计筛余/%												
筛分试样总质量/kg		最大粒径/mm				散失质量/kg						

表 2　　　　　　　　　　　　　　　**建筑用碎石检验报告**

检测项目	检测结果	检测项目	检测结果
表观密度/(kg/m³)		泥块含量/%	
紧密堆积度/(kg/m³)		针片状颗粒/%	
松散堆积度/(kg/m³)		压碎值/%	
含泥量/%		空隙率/%	
坚固性/%			

筛孔尺寸/mm	90	75.0	63.0	53.0	37.5	31.5	26.5	19.0	16.0	9.50	4.75	2.36
累计筛余/%												

检测结论	样品所检项目按照 GB/T 14685—2011 规定的技术要求经检测,颗粒级配____区,泥块含量____类,含泥量____类
检测依据	《建设用卵石、碎石》(GB/T 14685—2011)
备注	
试验		审核		批准	

试验结果分析与讨论:

附录3 钢筋性能检测

	试件名称	热轧带肋钢筋					
	试件编号	1	2	3	4	5	6
试样尺寸	公称直径/mm						
	长度/mm						
	质量/g						
	横截面积/mm²						
	标距/mm						
拉伸荷载	屈服荷载/kN						
	极限荷载/kN						
强度	屈服点/MPa						
	拉伸强度/MPa						
伸长率	断后标距/mm						
	伸长率/%						
冷弯性能	弯曲直径/mm						
	弯曲角度						
	结果						
反复弯曲	弯曲半径/mm						
	弯曲次数						
	断口形式						

试验结论：

试验结果分析与讨论：

附录4 水泥性能检测

表1 水泥细度

试验次数	试样质量/g	筛余质量/g	筛余百分率/%
1			
2			
3			

表2 水泥胶砂强度检测

破型日期： 养护龄期：

试件编号	破坏荷载/N	支点间距/mm	试件尺寸(宽×高)/(mm×mm)	抗折强度/MPa	备注
1					
2					
3					
	破坏荷载/kN		受压面积/mm²	抗压强度/MPa	
1-1					
1-2					
2-1					
2-2					
3-1					
3-2					

表3 水泥标准稠度用水量、凝结时间、安定性

试验次数	标准稠度用水量		凝结时间		安定性检验	
	试锥下沉深度/mm	计算用水量/%	初凝/min	终凝/min	雷氏法	试饼法
1						
2						
3						

表4 水泥胶砂试件成型与养护

胶砂材料/g			成型日期	成型数量	拆模时间	养护情况
水泥	标准砂	水				

试验结果分析与讨论：

附录5 混凝土用骨料试验

表1 表观密度、堆积密度和孔隙率

表观密度	次数	试样质量/g	试样+水+容量瓶/g	水+容量瓶/g	表观密度/(g/m³)	
					单个值	平均值
	1					
	2					
堆积密度	次数	容器质量/g	容器体积/L	容器+砂质量/g	砂质量/g	堆积密度/(kg/m³)	
						单个值	平均值
	1						
	2						
孔隙率		表观密度/(g/m³)		堆积密度/(kg/m³)		孔隙率/%

表2 细骨料筛分析与颗粒级配

筛孔尺寸/mm	1号试样			1号试样			平均累计筛余/%
	分计筛余/g	分计筛余百分率/%	累计筛余百分率/%	分计筛余/g	分计筛余百分率/%	累计筛余百分率/%	
4.75							
2.36							
1.18							
0.60							
0.30							
0.15							
筛底							
细度模数	$M_{x1}=$			$M_{x2}=$		$M_{x平均}=$	

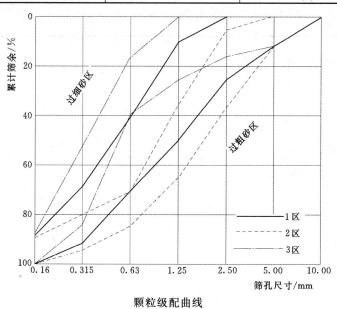

颗粒级配曲线

试验结果分析与讨论：

附录6 普通混凝土试验

表1　　　　　　　　　　　拌合物配合比调整记录

混凝土拌和量/L	各种材料用量/kg				外加剂/g	坍落度/mm	黏聚性	保水性
	水	水泥	砂子	石子				

表2　　　　　　　　　　　拌合物表观密度实测结果

序号	容器质量/kg	容器+混凝土/g	混凝土质量/g	表观密度/(kg/m³)	
				单个值	平均值
1					
2					

表3　　　　　　　　　　　成型试件数量

试件种类	试件尺寸	数量
抗压强度		
劈裂抗拉强度		
抗折强度		

试验结果分析与讨论：

附录7 沥青性能检测

表1   **沥青针入度试验记录表**

试验项目	针入度试验			成绩	
试验目的					
主要仪器					
试样编号	试验温度/℃	针入度（0.1mm）			
		第一次测值	第二次测值	第三次测值	平均值
仪器设备及状态					
试验总结					

试验结果分析与讨论：

表2   **沥青针入度指数试验记录表**

试验项目	针入度指数试验			成绩	
试验目的					
主要仪器					
试样编号	试验温度/℃	针入度（0.1mm）			
		第一次测值	第二次测值	第三次测值	平均值
针入度指数 PI_{lgpen}					
仪器设备及状态					
试验总结					

试验结果分析与讨论：

表 3 沥青标准黏度试验记录表

试验项目	沥青标准黏度试验			成绩	
试验目的					
主要仪器					
品种及标号					
	沥青标准黏度试验				
试样编号	流孔直径 /mm	保温水浴中水温度 /℃	试样温度 /℃	标准黏度测值 /s	标准黏度 /s
1					
2					
试验总结					

试验结果分析与讨论：

表 4 沥青延度试验记录表

试验项目	延 度 试 验				成绩	
试验目的						
主要仪器						
样品编号	试验温度 /℃	延伸速度 /(cm/min)	延度/cm			
			试件1测值	试件2测值	试件3测值	平均值
仪器设备及状态						
试验总结						

试验结果分析与讨论：

表 5   **沥青软化点试验记录表**

试验项目		软化点试验												成绩		
试验目的																
主要仪器																
样品编号	室内温度/℃	烧杯内液体名称	烧杯中液体温度上升记录/℃												软化点测值/℃ 1	软化点测值/℃ 2	平均值/℃
			开始加热时	1min末	2min末	3min末	4min末	5min末	6min末	7min末	8min末	9min末	10min末			
仪器设备及状态																
试验总结																

试验结果分析与讨论：

表 6   **沥青闪燃点试验记录表**

试验项目		沥青闪燃点试验														成绩			
试验目的																			
主要仪器																			
试验次数	试验初始温度/℃	温 度 上 升 情 况														闪点温度测值/℃	闪点/℃	燃点温度测值/℃	燃点/℃
		第1min末	第2min末	第3min末	第4min末	第5min末	第6min末	第7min末	第8min末	第9min末	第10min末	第11min末	第12min末	第13min末	第14min末				
仪器设备及状态																			
试验总结																			

试验结果分析与讨论：

表 7　　　　　　　　　　　　　　　沥青密度试验记录表

试验项目							成绩	
试验目的								
主要仪器								

试验样品	试验温度/℃	比重瓶质量 m_1/g	瓶质量+盛满水合质量 m_2/g	瓶质量+试样合质量 m_3/g	瓶、试样和水的合计质量 m_4/g	沥青相对密度测值	15℃水密度/(g/cm³)	沥青密度/(g/cm³)

仪器设备及状态	
试验总结	

试验结果分析与讨论：

表 8　　　　　　　　　　　　　　　沥青薄膜加热试验记录表

试验项目		成绩	
试验目的			
主要仪器			

品种及标号_____　　　　　试样描述

沥青薄膜（旋转薄膜）加热试验					
试样编号	盛样皿的质量 m_0/g	加热前试样、盛样皿质量 m_1/g	加热后试样、盛样皿的质量 m_2/g	质量损失测值/%	质量损失/%
试验总结					

试验结果分析与讨论：

附录 8 混凝土力学性能试验

表 1 水泥混凝土立方体抗压强度试验

试验题目	水泥混凝土立方体抗压强度试验				成绩	
试验目的						
主要仪器						

试样编号	制作日期	试验日期	龄期/d	试件尺寸/mm	破坏荷载/kN	抗压强度/MPa	
						单值	平均值

试验结果分析与讨论：

表 2   **水泥混凝土抗弯拉强度试验**

试验题目	水泥混凝土抗弯拉强度试验							成绩	
试验目的									
主要仪器									

编号	制件日期	龄期/d	设计强度/MPa	试件尺寸/mm	计算跨径/mm	荷载/kN	抗弯拉强度/MPa 单值	抗弯拉强度/MPa 平均	尺寸转换系数	换算后抗弯拉强度/MPa

试验结果分析与讨论:

表 3　　　　　　　　　　　　　　**水泥混凝土劈裂抗拉强度试验**

试验题目		水泥混凝土劈裂抗拉强度试验					成绩	
试验目的								
主要仪器								
试件编号	试件序号	试验日期	龄期/d	试件劈裂面面积 A/mm^2	试件破坏荷载 F/N	劈裂抗拉强度 f_{fs}/MPa		换算系数 K	劈裂抗拉强度确定值 F_{fs}/MPa
						单块值	平均值		

试验结果分析与讨论：

回弹法测试混凝土强度试验

表 4

试验题目	
试验目的	

编号																			成绩	碳化深度 d_i /mm
构件	测区	回弹值/R_i															R_m		
		1	2	3	4	5	6	7	8	9	10	11	12	13	14	15	16			
	1																			
	2																			
	3																			
	4																			
	5																			
	6																			
	7																			
	8																			
	9																			
	10																			

测面状态	侧面、表面、底面；干、潮湿	回弹仪	型号	
测角角度	水平、向上、向下		编号	
			率定值	

试验结果分析与讨论：

表 5   **构件混凝土抗压强度计算表**

试验题目		构件混凝土抗压强度计算表								成绩		
试验目的												
项目		测区号										
		1	2	3	4	5	6	7	8	9	10	
回弹值 R_m	测区平均值											
	角度修正值											
	角度修正后											
	浇筑面修正值											
	浇筑面修正后											
平均碳化深度值 d_i/mm												
测区强度值												
强度计算/MPa $n=$		$m_{f_{cu}^c} =$			$S_{f_{cu}^c} =$			$f_{cu,min}^c =$				

试验结果分析与讨论：

附录9 砂 浆 试 验

表1　　　　　　　　　　　　　　　　砂 浆 稠 度 试 验

试验题目	砂浆稠度试验			成绩	
试验目的					
主要仪器					
试验次数	砂浆稠度仪初读数 h_1/mm	砂浆稠度仪终读数 h_2/mm	圆锥下沉时间 /s	砂浆稠度/mm	
				单值	平均值

试验结果分析与讨论:

表 2　　　　　　　　　　　　　　　砂 浆 分 层 度 试 验

试验题目	砂浆分层度试验		成绩	
试验目的				
主要仪器				
试验次数	未装入分层度仪前稠度 /mm	装入分层度仪后稠度 /mm	分层度测值 /mm	分层度平均值 /mm

试验结果分析与讨论：

表 3 砂 浆 抗 压 强 度 试 验

试验题目	砂浆抗压强度试验						成绩		
试验目的									
主要仪器									

结构物 名称	设计强度 （等级）	养护 情况	制件 日期	试块龄期 /d	试件尺寸 /mm	破坏荷载 /kN	抗压强度/MPa	
							单值	平均值

试验结果分析与讨论：

附录 10 砌墙砖试验

试验题目		砌墙砖试验					成绩			
试验目的										
试验项目		标准规定值						实测值		
尺寸偏差	公称尺寸	优等（一等、合格）品							样本极差	
		样本平均偏差		样本极差				样本平均偏差		
	240									
	115									
	53									
抗压强度	强度等级	平均值 f_j /MPa≥	变异系数 δ≤0.21		变异系数 δ>0.21		平均值 f_j /MPa	变异系数 δ	标准值 f_k /MPa	单块最小值 R_{pmin}/MPa
			标准值 f_k /MPa≥	单块最小值 R_{pmin}/MPa≥						
	MU30	30	22	25						
	MU25	25	18	22						
	MU20	20	14	16						
	MU15	15	10	12						
	MU10	10	6.5	7.5						

· 205 ·

续表

吸水率和饱和系数	5h沸煮吸水率 W/%≤		饱和系数 K		5h沸煮吸水率 W/%		饱和系数 K	
	平均值	最大值	平均值	最大值	平均值	最大值	平均值	最大值

抗冻性	冻融后质量损失率 $G_m/\%\leq$	试件冻融后出现裂纹、分层、掉皮、缺棱、掉角情况	冻融后质量损失率 $G_m/\%$	试件冻融后出现裂纹、分层、掉皮、缺棱、掉角情况
	2.0	不允许		

泛霜	优等品	一等品	合格品	实测泛霜程度
	无泛霜	不允许出现中等泛霜	不允许出现严重泛霜	

石灰爆裂	优等品	一等品	合格品	爆裂区域最大破坏尺寸 /mm	爆裂区域数量/处
	不允许出现最大破坏尺寸大于2mm的爆裂区域	最大破坏尺寸>2mm，且≤10mm的爆裂区域每组砖每组砖样不得多于15处	最大破坏尺寸>2mm，且≤15mm的爆裂区域每组砖每组样不得多于15处，其中大于10mm的不得多于7处		

试验结果分析与讨论：

附录11 沥青混合料试验

表 1　　　　　　　　　　　沥青混合料试件制作方法（击实法）

试验题目	沥青混合料试件制作方法（击实法）				成绩	
试验目的						
主要仪器						
试件编号	制作日期	拌和温度 T /℃	击实温度 T /℃	试件尺寸/mm		试件用途
				高度 h	直径 d	

试验结果分析与讨论：

表 2 **沥青混合料试件制作方法（轮碾法）**

试验题目	沥青混合料试件制作方法（轮碾法）	成绩	
试验目的			
主要仪器			

数据整理：

试验结果分析与讨论：

表 3　　　　　　　　　**压实沥青混合料密度试验（水中重法）**

试验题目	压实沥青混合料密度试验（水中重法）				成绩	
试验目的						
主要仪器						
试件编号	干燥试件空气中质量/g	试件水中质量/g	试验水温	水的密度	试件表观相对密度	试件表观密度

试验结果分析与讨论：

表4

沥青混合料马歇尔试验

试验题目	沥青混合料马歇尔试验	成绩	
试验目的			
主要仪器			
矿料名称	矿料毛体积密度/(g/cm³)	矿料比例/%	沥青密度/(g/cm³)	沥青用量/%

编号	试件高度		试件空气中质量/g	试件水中质量/g	理论密度/(g/cm³)	实测密度/(g/cm³)	沥青体积百分率/%	空隙率/%	矿料间隙率/%	沥青饱和度/%	稳定度/kN	流值(0.1mm)
	单值	平均值										
平均值												

试验结果分析与讨论:

表 5 **沥青混合料车辙试验**

试验题目		沥青混合料车辙试验				成绩	
试验目的							
主要仪器							
试验次数	对应于时间 t_1 的变形量 d_1/mm	对应于时间 t_2 的变形量 d_2/mm	仪器类型修正系数 C_1	仪器类型修正系数 C_2	车轮往返碾压系数 /(次/min)	沥青混合料试件的动稳定度 /(次/min)	
						单值	平均值
1							
2							
3							
试件尺寸		标准差 /(次/mm)			变异系数 C_v/%		

试验结果分析与讨论：

参 考 文 献

[1] 高军林，李念国，杨胜敏．建筑材料与检测 [M]．北京：中国电力出版社，2008.

[2] 孟祥礼，高传彬．建筑材料实训指导 [M]．郑州：黄河水利出版社，2008.

[3] 何雄．建筑工程见证类建筑材料质量检测 [M]．2版．北京：中国广播电视出版社，2009.

[4] 宋少民，孙凌．土木工程材料 [M]．武汉：武汉理工大学出版社，2010.

[5] 苏达根．土木工程材料 [M]．北京：高等教育出版社，2008.

[6] 施惠生，郭晓潞．土木工程材料 [M]．重庆：重庆大学出版社，2011.

[7] 张彩霞．实用建筑材料试验手册 [M]．4版．北京：中国建筑工业出版社，2011.

[8] 建筑工程检测试验技术管理规范（JGJ 190—2010）[M]．北京：中国建筑工业出版社，2010.

[9] 阎培渝，杨静．建筑材料 [M]．北京：中国水利水电出版社，知识产权出版社，2008.

[10] 高等学校土木工程专业指导委员会．高等学校土木工程专业本科教育培养目标和培养方案及课程
      教学大纲 [M]．北京：中国建筑工业出版社，2008.

[11] 北京土木建筑学会．建筑材料试验手册 [M]．北京：冶金工业出版社，2006.

[12] 中国标准出版社第五编辑室．建筑材料标准汇编——混凝土 [M]．北京：中国标准出版
      社，2009.

[13] 建筑材料工业技术监督研究中心．建筑材料标准汇编——水泥 [M]．4版．北京：中国标准出版
      社，2008.

[14] 邓钫印．建筑材料实用手册 [M]．北京：中国建筑工业出版社，2007.

[15] 白建红．建筑工程材料及施工试验知识问答 [M]．北京：中国建筑工业出版社，2008.

[16] 杨崇豪．建筑材料的腐蚀及控制设计 [M]．北京：水利电力出版社，1990.